高等院校动画与数字媒体专业新形态立体教材

Animate 动画创作实践

龚柏茂　　许清晓　　主　编

邓苏婷　杨文娟　杨　璐　缪雨欣　王俊梅　副主编

电子工业出版社

Publishing House of Electronics Industry

北京·BEIJING

内 容 简 介

本书采用 Animate CC 2020，结合了新媒体文化发展特点，对动画实践教学方法做了多项改革和创新。将 Animate CC 2020 软件及其他数字设备相结合，达到培养学生实践动手能力的目的，并借助案例详解和逐步分析法，将所涉及的技术点和实验经验逐一阐述，具体涉及以下两大部分：第一部分是基本动画实践创作，包括第 1 章动画实验基础知识，第 2 章基础动画制作；第二部分是脚本动画实践创作，包括第 3 章影片剪辑动画创作，第 4 章骨骼动画，第 5 章互交动画，第 6 章 Action Script 3.0 语言解析与实例创作。

本书可作为高等院校数字媒体、动画设计等相关设计专业的教材，也可供动画培训机构及动画制作爱好者参考。

图书在版编目（CIP）数据

Animate 动画创作实践/龚柏茂，许清晓主编. — 北京：电子工业出版社，2021.11

ISBN 978-7-121-42442-7

I. ①A… II. ①龚… ②许… III. ①动画制作软件－高等学校－教材 IV. ①TP391.414

中国版本图书馆 CIP 数据核字（2021）第 242661 号

责任编辑：孟 宇
印 刷：北京虎彩文化传播有限公司
装 订：北京虎彩文化传播有限公司
出版发行：电子工业出版社
　　　　北京市海淀区万寿路 173 信箱　　邮编：100036
开 本：787×1092 1/16 印张：10 字数：240 千字
版 次：2021 年 11 月第 1 版
印 次：2022 年 12 月第 2 次印刷
定 价：69.00 元

凡所购买电子工业出版社图书有缺损问题，请向购买书店调换。若书店售缺，请与本社发行部联系，联系及邮购电话：(010)88254888，88258888。

质量投诉请发邮件至 zlts@phei.com.cn，盗版侵权举报请发邮件至 dbqq@phei.com.cn。

本书咨询联系方式：mengyu@phei.com.cn。

前　言　PREFACE

　　新媒体动画是以互联网、移动互联网、手机平台、IPTV、移动电视、电子杂志、数字电视等为主的推广渠道。它是新媒体传播方式的一种，它将新媒体所要传播的内容用动画作品精准地、高效地传送到主力受众群体，它是一种以新媒体为依托，构建跨平台的动漫品牌推广的模式。所以，对新媒体动画人才的培养，既是新媒体发展在人才和智力资源方面的重要支撑，又是新媒体可持续发展的动力来源。

　　"Animate 动画创作实践"这门课程作为新媒体动画创作不可或缺的元素之一，也是高校艺术教育多元化趋势的一种，它在新媒体专业教学中有着举足轻重的地位，也为新媒体的传播注入了更多活力。在国内大部分高校动画教学中，新媒体专业建设和动画人才培养逐步确立了"以制作能力为主线、文化创意为驱动"的培养思路。并且在新媒体人才培养的课程体系中，对二维动画这类课程进行了相关的改革探索与实践，课程实施也取得了一定的成效。然而，从新媒体动画特点和课程实施的现状来看，学生的创意培养、评价方式尚存不足，尤其是在适应新媒体技术发展和新媒体动画要求尚存一定差距。传统的实验动画教学与新媒体动画呈现出发展不同步等问题。因此，本书立足以上现存问题，结合新媒体文化发展特点对 Animate 动画实践教学方法做了以下改革。

　　第一，在教学思路上，结合课堂改革以实际项目制作为主导，全方位协助课程教师及校内外客户群体进行协同化教学与指导，让学生在工作室中自主开展学习研究，以"学习者"兼"设计者"的双重身份参与项目方案的设计和实施。

　　第二，在教学内容上，加入 Animate 交互动画创作技法，以适应新媒体动画教学需要，注重学生创意思维培养，鼓励学生从传统文化中吸取创意之本。从生活感悟中挖掘创意源泉，从创作实践中巩固学生自身的文化自觉与自信等。重视项目化实践教学培养，在本书编写过程中，编者结合工作室教学特点，以工作室为教学平台，将实践项目教学经验融入书中，以达到经验分享的目的。

　　第三，在教学方法上，模仿"师徒授业"的教学模式，细化每个案例的操作步骤，提高学生的实践创作能力；推广实践项目化教学经验，拓展学生创新实践能力培养；注重过程与成果并重，推行成果物化与集体评价；建立校企、校院、师生教学资源联建共享机制，共同研讨资源框架、标准等。

　　因此，本书通过基于新媒体动画教学过程中的 Animate 动画教学改革，跳出原动漫学科体系的框架，准确地定位了新媒体动画人才的培养目标。立足传承文化、动画创新、创意产业等视角，融入新媒体动画专业发展的特点，重构了"文化基础+设计表现+设计创意"的新媒体动画课程体系，对该体系的课程资源、教学方式、能力培养及质量评价等方面展开研究。同时，开展了与之相适应的工作室制、项目化的教学实践，改定性评价为多元评价，突显个体的发展。为新媒体动画教学提供具有普适意义和推广价值的人才培养模式，也为新媒体专业发展注入原动力。

　　本书是"浙江师范大学 2020 年实验教学示范中心软件建设项目"。感谢浙江师范大学及同行、专家们在本书编写过程中给予的支持和帮助。

龚柏茂

2021 年 7 月

目 录 CONTENTS

第一部分　基本动画实践创作

第二部分 脚本动画实践创作

第一部分
基本动画实践创作

第1章

动画实验基础知识

 **本章导读**

本章将介绍 Animate CC 2020 版本的动画实验基本知识，引导读者初步了解 Animate CC 2020 的强大功能。主要内容包括界面及使用工具介绍（含文本工具）、基础绘画操作、基本动画设置、矢量图形应用。

 **学习要点**

界面及使用工具。

基础绘画操作。

基本动画设置。

矢量图形应用。

Adobe Animate CC 2020（前身是 Adobe Flash Professional CC，以下简称 Animate CC 2020）是一款非常专业的二维动画制作软件，是知名图形设计软件公司 Adobe 推出的一款网络动画制作软件，它支持动画、声音及交互，具有强大的多媒体编辑功能。

新版本的 Animate CC 2020 进行了全面的升级与优化，功能强大，用户能够快速创建各种类型的动画内容，如卡通动画、横幅广告、游戏动画及各种交互式角色等，可通过动画引导、补间动画、传统补间、形状补间、动画编辑器、帧和关键帧、形状补间、WebGL 文档类型、自定义画笔及遮罩图层等多个功能和工具来完成独特的创建。用户可以通过使用 Animate CC 2020 一键从 After Effects 轻松导入动态图形，并将动画发布到多个平台上，易学易用，非常受业界人士青睐。

1.1　界面及使用工具介绍（含文本工具）

1.1.1　工作界面

菜单栏在 Animate CC 2020 中是最基础的，也是相当重要的一部分。菜单栏中有 11 个菜单分别是文件、编辑、视图、插入、修改、文本、命令、控制、调试、窗口和帮助，同时 Animate CC 2020 的多数菜单命令也在其中。单击任意菜单后均会弹出子菜单，在其中可找到所需命令，菜单栏如图 1-1 所示。

图 1-1

"文件"：包含"新建""保存""导入""导出""发布设置"等一些基本的文件操作命令。

"编辑"：包含"撤销""剪贴""复制""粘贴""时间轴""快捷键"等操作编辑动画内容的一些命令。

"视图"：包含"放大""缩小""缩放比率"等一些设置舞台属性的命令，同时也包含"标尺""辅助线""网格线"等辅助命令。

"插入"：包含"新建元件""补间动画""传统补间""时间轴"等一些插入性质的操作命令。

"修改"：包含"位图""元件""形状"等用于动画中元素修改的命令。

"文本"：包含"大小""样式""对齐"等用于文本属性和样式设置的命令。

"命令"：包含管理命令。

"控制"：包含播放、控制、测试动画的命令。

"调试"：包含调整影片过程、调试动画的命令。

"窗口"：包含打开或者关闭浮动面板与工具箱的命令。

"帮助"：包含提供快速帮助信息的命令。

在软件的动画创作方面，需要使用各种工具对图形和对象进行绘制。Animate CC 2020 的绘图工具、视图操作工具及辅助工具均在"工具"面板中。正常情况下，"工具"面板固定在窗口的右侧。"工具"面板的位置也可以通过鼠标拖动进行改变。若工具图标的右下方有小三角，则单击该工具后会弹出隐藏"工具"面板，如图 1-2 所示。

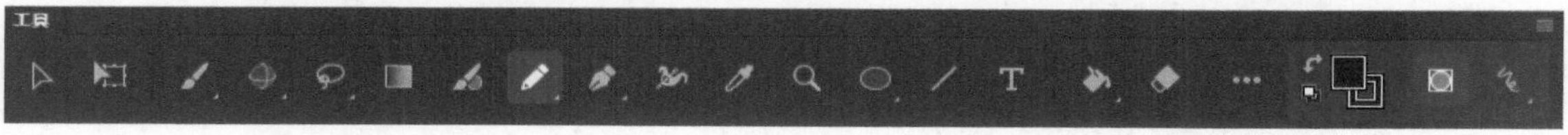

图 1-2

"时间轴"面板：在默认情况下，工作区的下方是"时间轴"面板。时间轴用对当前动画帧数和图层数的显示和管理，同时组织和控制影片。"时间轴"面板主要分为两个区，分别是图层控制区与时间轴控制区。图层控制区位于"时间轴"面板的左边区域，主要用于进行一些与图层相关的操作。时间轴控制区位于"时间轴"面板的右侧区域，主要用操控当前动画播放速度、时间、帧等。"时间轴"面板如图 1-3 所示。

舞台也称为工作区，是一个矩形区域。用户主要在该区域中进行图形的创建、编辑与动画的创作和显示。可以通过快捷键对舞台进行放大和缩小，即"Ctrl+"放大舞台，"Ctrl–"缩小舞台。舞台如图 1-4 所示。

图 1-3

图 1-4

浮动面板包括"颜色"面板、"属性"面板和"对齐"面板等。其中，"属性"面板的功能是最丰富的，"属性"面板可以根据用户在舞台中选择对象的不同而自动变化，并显示出不同的对应信息。"颜色"面板如图 1-5 所示。"对齐"面板如图 1-6 所示。浮动面板可在窗口中任意位置显示。

图 1-5

图 1-6

"库"面板存储着所有不同类型的元件，在动画制作过程中，在需要使用元件时，可直接从库中调用。在菜单栏中选择"窗口"菜单，在下拉菜单中单击"库"命令，即可打开"库"面板。使用快捷键 Ctrl+L 也可打开"库"面板。

1.1.2　文本的基本操作

1. 文本类型

在动画作品传递消息或者设计与操作动画中，文本是不可或缺的元素。在 Animate CC 2020 中，文本分为动态文本、静态文本、输入文本三种类型，可以通过"属性"面板中的列表选项进行文本类型的设置与切换。下面将详细介绍文本的三种类型。

（1）动态文本用于文本动态更新的创建与显示，可随时更新。在创建动态文本时，用户可以指定动态文本的实例名称，如图 1-7 所示。

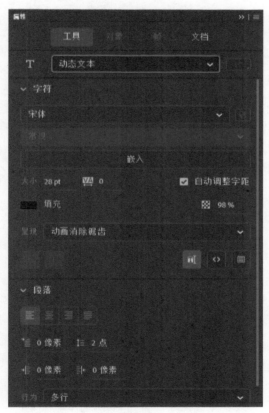

图 1-7

（2）静态文本主要是输入文字，用于解释说明、创建动画中始终不会发生改变的文本，同时静态文本具有的属性能支持更多选项。使用静态文本可以创建字符文本和段落文本。在舞台中直接单击相关命令就可以创建字符文本，在换行时必须按下 Enter 键。段落文本的创建需要在舞台中绘制一个文本框，然后输入文本，文本在到达设置长度时会自动换行，如图 1-8 所示。

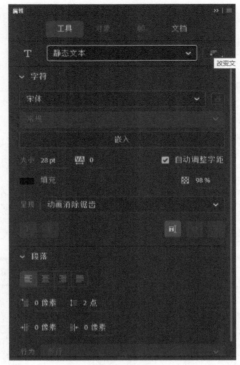

图 1-8

（3）输入文本与动态文本类似，但可以把输入文本当作一个输入文本框来使用。当播放动画时，用户可以通过输入文本框来输入文本，实现与动画的交互，如图 1-9 所示。

图 1-9

2．设置文本属性

文本属性包含字符和段落两种属性，通过对文本属性的设置可以使文本格式化、排版合理化、动画效果优化，同时可以提高文本的可读性与清晰度。

字符属性包含字符系列、字符样式、大小、字母间距、颜色、自动调整间距等属性。

段落属性既可以用来设置段落文本的对齐方式，又可以用来设置首行缩进、行距、左右边距等属性。

1.2　基础绘画操作

1.2.1　绘制线条

线条工具是用来绘制直线的。单击"工具"面板中的"线条工具"命令，在舞台中单击鼠标左键确定直线起点，然后按住鼠标左键拖曳到所需长度即可松开鼠标。各种长度和倾斜角度的直线都可以由线条工具绘制。如需要改变直线的样式、颜色和宽度等均可在其对应"属性"面板中进行设置，如图 1-10 所示。

图 1-10

"笔触"颜色：用来选择绘制的线条颜色。

"笔触大小"：用来选择绘制的线条粗细。

"样式"：用来选择绘制线条的样式。

"宽"：在其下拉列表中选择宽度配置文件。

"缩放"：在其下拉列表中可以选择缩放笔触的方式。分为"一般""水平""垂直"和"无"4种方式。"一般"表示始终缩放线条的粗细；水平表示仅在水平缩放线条时，不缩放其粗细；"垂直"表示仅在垂直缩放线条时，不缩放其粗细；无"表示始终不缩放线条粗细。

"提示"：若勾选此框，则笔触锚点保持为全像素，防止出现模糊线。

"端点"：用来设定线条端点的样式，有3种方式，分别是"无""圆角""方角"。

"接合"：用来定义两条路径接触点的相接方式，有3种方式，分别是"尖角""圆角""斜角"。

"尖角"：用来操控尖角接合的清晰程度。

"铅笔工具"："铅笔工具"就像现实生活中的铅笔一样，可以绘制出任何形状的线条。当使用"铅笔工具"绘制直线时，按住Shift键不放同时按住鼠标左键拖曳即可；在绘制其他形状的线条时，首先单击"工具"面板中的"铅笔工具"，然后在舞台中按住鼠标左键开始绘制所需要的线条。在选择"铅笔工具"后，通过"属性"面板可以对"铅笔工具"的"笔触"颜色、"笔触大小"、"样式"和"宽"等进行设置，如图1-11所示。

图 1-11

当选择"铅笔工具"时，有3种线条绘制模式，分别是"伸直""平滑""墨水"。具体含义及功能如下。

"伸直"：若选择"伸直"模式，则线条在整个绘制过程中自动伸直，尽量直线化。

"平滑"：若选择"平滑"模式，则线条在整个绘制过程中尽量成有弧度的曲线。

"墨水"：若选择"墨水"模式，则可以随意绘制线条。

"钢笔工具"：可以更加精确地绘制曲线。首先单击工具栏中的"钢笔工具"，然后在舞台中绘制。通过其"属性"面板中"钢笔工具"可以对其线型、颜色进行设置。"钢笔工具"不仅可以绘制出更加精确的图形，还可以进一步处理绘制的节点和节点方向，如图 1-12 所示。

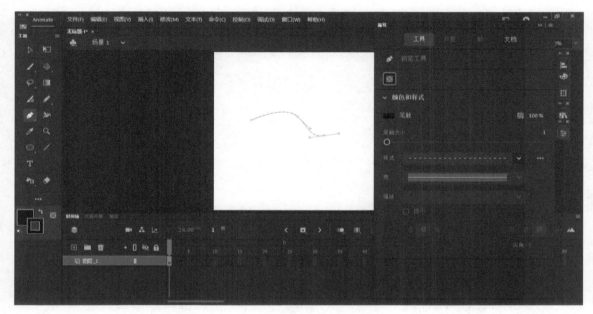

图 1-12

下面详细介绍"钢笔工具"的使用方法。

"添加锚点工具"：在绘制复杂曲线时，可以选择在曲线上添加锚点。先单击添加"锚点工具"，然后将光标移到需要添加锚点的位置，待光标右上方出现加号时单击鼠标左键，锚点便添加完成。

"删除锚点工具"：在绘制复杂曲线时，可以选择在曲线上删除锚点。先单击"删除锚点工具"，然后将光标移动到需要删除锚点的位置，待光标右上方出现减号时单击鼠标左键，锚点便删除完成。

"转换锚点工具"：选择"转换锚点工具"，可以转换曲线上的锚点类型。

"宽度工具"：使用"宽度工具"可以改变线条笔触的宽度来修饰笔触和形状。首先可以使用"铅笔工具"和"钢笔工具"绘制线条，然后在"工具"面板中选择"宽度工具"，当鼠标移动到需要修改的线条上时，线条变为选中状态，且当前鼠标所在位置显示线条宽度手柄和宽度点数，最后在宽度点数上按下鼠标左键并向外拖曳，释放鼠标，便可得到修饰后的图形，如图 1-13 所示。

1.2.2 绘制填充图形

随着 Animate CC 2020 功能的不断完善，绘制图形的工具也不断丰富，如"矩形工具""椭圆工具""多角星工具"等，下面详细介绍这几种工具。

"矩形工具"：可以用来绘制长方形或者正方形，也可以绘制其轮廓线。在"工具"面板中选中"矩形工具"，在舞台中选择合适的位置，单击鼠标左键并拖曳，即可绘制长方形。

绘制正方形的方法与绘制长方形的方法一样，只需在按住鼠标左键的同时按住 Shift 键。选择"矩形工具"，在其对应"属性"面板中的"工具"面板中可以设置"笔触"颜色、"填充颜色"和"笔触大小"等。矩形四角的圆滑度也可以在"矩形选项"属性中设置，如图 1-14 所示。

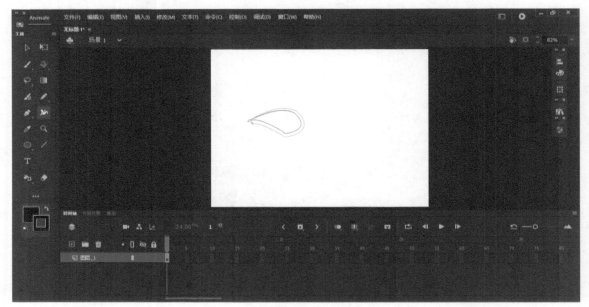

图 1-13

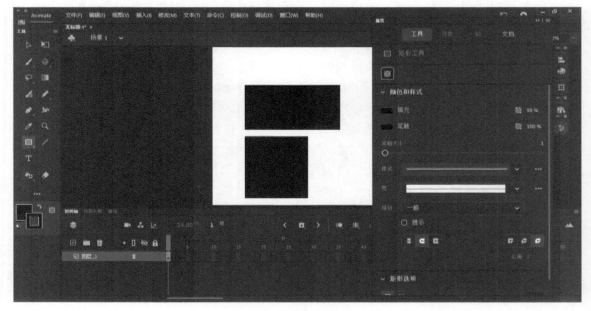

图 1-14

"椭圆工具"：可以用来绘制椭圆或者圆形，也可以绘制其轮廓线。在"工具"面板中选中"椭圆工具"，在舞台中选择合适的位置，单击鼠标左键并拖曳，即可绘制椭圆。绘制圆形的方法与绘制椭圆的方法一样，只需在按住鼠标左键的同时按住 Shift 键。选择"椭圆工具"，在"属性"面板的"工具"面板中，可以设置"笔触"颜色、"填充颜色"和"笔触大小"等。椭圆的"开始角度""结束角度""内径"可在"椭圆选项"属性中设置，如图 1-15 所示。

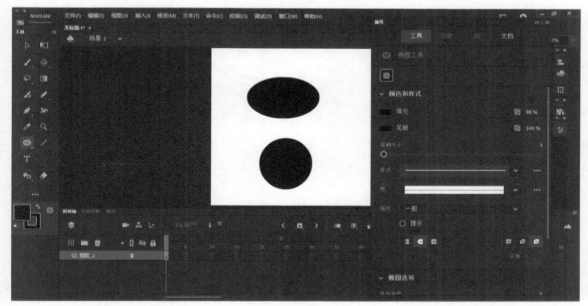

图 1-15

"多角星工具"：在"工具"面板中选中"多角星工具"，在舞台中选择合适的位置单击鼠标左键并拖曳，即可绘多角星。选择"多角星工具"，在其对应"属性"面板的"工具"面板中可以设置"笔触"颜色、"填充颜色"、"笔触大小"、"样式"和"边数"等，如图 1-16 所示。

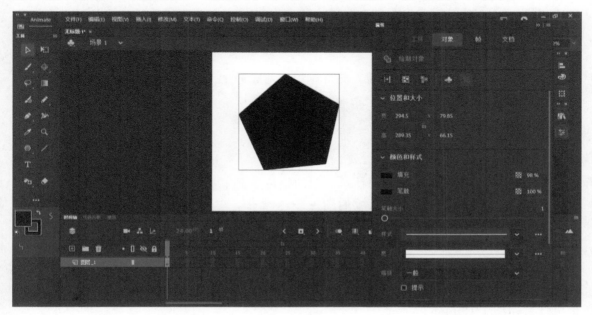

图 1-16

1.2.3 选择对象

在编辑修改对象前，首先要选择对象。Animate CC 2020 提供了许多选择对象的工具，如"选择工具""套索工具""多边形工具""魔术棒"等。下面针对常用的选择工具依次进行详细介绍，如图 1-17 所示。

图 1-17

"选择工具"：是动画制作过程中很常用的工具，用户可以根据自己的需要选择单个或多个对象。若选择单个对象，则单击绘图工具箱中的"选择工具"，然后单击需要选择的对象，即可选择该对象；若选择多个对象，则单击绘图工具箱中的"选择工具"，然后单击需要选择的对象，同时按住 Shift 键，再一次单击其他需要选择的对象，就可以同时选择多个对象了。

"套索工具"：用来选取对象的一部分，与"选择工具"相比，"套索工具"的选择区域可以是不规则的，使用起来更加方便、灵活。单击绘图工具箱中的"套索工具"，在舞台中按住鼠标左键并拖曳，圈出需要选择图形的范围，然后松开鼠标，就选取了"套索工具"圈出的封闭区域图形，若线条没有封闭，则用直线连接起点和终点并自动闭合曲线。

"多边形工具"：用来更加精确地选择不规则图形。单击绘图工具箱中的"多边形工具"，将鼠标光标移动到舞台上，先单击鼠标，再根据需要选择对象的外轮廓线将鼠标光标移动到下一个点，再单击鼠标，重复上述步骤，最后当光标到达起点处时双击鼠标，即可选择一个多边形区域。

"魔术棒"：用来处理位图图像，其可以根据对象轮廓线进行较大范围的选取，也可以对色彩范围进行选取。

1.2.4 颜色填充

Animate CC 2020 中有多种颜色填充的工具，如"颜料桶工具""墨水瓶工具""滴管工具""渐变变形工具"等。下面针对常用的颜色填充工具依次进行详细介绍。

"颜料桶工具"：用于封闭区域的图形颜色填充。单击绘图工具箱中的"颜料桶工具"，在其对应"属性"面板中可以设置"间隔大小"和"锁定填充"两个属性，如图 1-18 所示。

"墨水瓶工具"：用来填充"笔触"颜色，也可以为无轮廓线的对象添加线条。单击绘图工具箱中的"墨水瓶工具"，在其对应"属性"面板中可以设置"笔触大小""样式""宽"等属性，如图 1-19 所示。

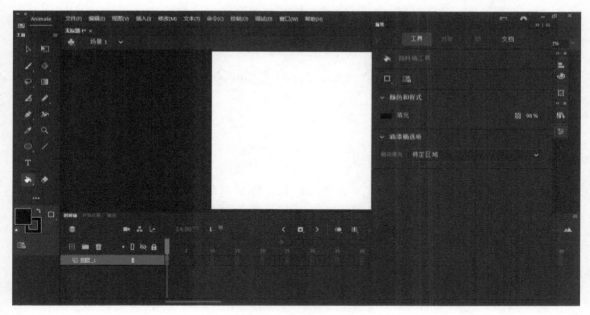

图 1-18

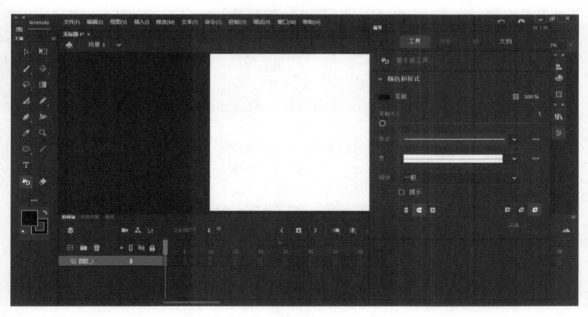

图 1-19

"滴管工具"：可以从舞台中快速吸取填充位图、笔触等颜色属性，并应用于其他对象上。

"渐变变形工具"：渐变填充可以使画面色彩更加丰富。使用"渐变变形工具"可以操控渐变色的范围，在其对应"属性"面板上，可以调整线性渐变填充样式，也可以调整径向渐变填充样式，还可以调整位图填充样式。

1.3 基本动画设置

1.3.1 时间轴

默认情况下,"时间轴"位于舞台下方。若没有找到"时间轴"面板,则可以在菜单栏的窗口中寻找。"时间轴"是对当前动画帧数和图层数的显示和管理,同时组织和控制动画。"时间轴"主要分为两个窗口,分别是图层控制区与时间轴控制区。图层控制区位于"时间轴"面板的左边区域,主要进行一些与图层相关的操作。时间轴控制区位于"时间轴"面板的右侧区域,主要用于操控当前动画播放速度、时间、帧等。

1．帧的定义

帧是构成动画的基本单位。帧有 3 种类型,分别为关键帧、空白关键帧和普通帧,下面分别对 3 种类型的帧进行详细介绍,如图 1-20 所示。

图 1-20

"空白关键帧":没有内容的关键帧,用空心圆表示。

"关键帧":在动画制作过程中,具有关键性动作的帧。在"时间轴"面板中,用黑色实心圆表示,"关键帧"在其对应的舞台上都有内容。

"普通帧":是指两个"关键帧"之间的帧,在制作动画时,若需延长动画的播放时间,则可添加一些"普通帧"。

2．不同帧的编辑类型

在动画制作过程中,用户可以对帧进行相应的编辑,如选择帧、复制帧和粘贴帧,插入帧、移动帧及删除帧等。

对帧进行编辑之前,需要选择帧,可选择单个帧,也可选择连续或不连续的多个帧,还可选择所有的帧,下面详细介绍帧的选择方法。

(1)选择连续多个帧:首先单击选中起始的帧,然后按住 Shift 键的同时单击所需的最后一帧,便可选中连续的多个帧。在选择连续多个帧时,无论是同一个图层,还是不同图层,方法均相同。

(2)选择不连续帧:首先选中单个帧,然后按住 Ctrl 键,再依次选中其他所需的帧即可。

（3）选择所有帧：首先选中单个帧并单击鼠标右键，然后在快捷菜单中选择"选择所有帧"命令，便可选中所有帧。也可通过快捷键 Ctrl+A 选择所有帧。

（4）复制帧和粘贴帧：在复制和粘贴单个或多个帧时，首先选择帧并右击，在快捷菜单中选择"复制帧"命令；然后选中需要粘贴帧的位置并右击，再在快捷菜单中选择"粘贴帧"命令，完成帧的复制和粘贴操作。也可通过快捷键 Ctrl+Alt+C 完成复制帧操作，通过快捷键 Ctrl+Alt+V 完成粘贴帧操作。

（5）插入帧：插入帧主要包括插入帧、插入关键帧、插入空白关键帧，操作方法相同。首先选择需要插入帧的位置并右击，在快捷菜单中选择"插入帧"或"插入关键帧"或"插入空白关键帧"命令，完成相关插入操作。也可以通过快捷键 F5 完成插入帧操作，通过快捷键 F6 完成插入关键帧操作，通过快捷键 F7 完成插入空白关键帧操作。

（6）移动帧：首先选择需要移动的帧，然后按住鼠标左键并拖曳目标位置后，即可松开鼠标。也可以按住 Alt 键，将选中的帧移动到目标位置。

（7）删除帧：选择需要删除的帧，然后单击鼠标右键，在快捷菜单中选择"删除帧"命令，便可完成删除帧操作。

1.3.2 元件

元件是存储在库中可以反复使用的元素。在动画设计与制作过程中，经常要用到元件，来提高制作效率。元件保存在库中，把元件拖曳到舞台中便可成为实例。

1. 创建元件

只需要创建一次元件，即可在整个制作过程中反复使用。每个元件都由多个元素组合而成。在 Animate CC 2020 中，有图形元件、按钮元件、影片剪辑元件 3 种类型，下面分别介绍这 3 种类型元件。

图形元件：主要用于静态图形动画的创作，可以重复使用。图形元件与主时间轴同步运行，有独立的编辑区和时间轴，如图 1-21 所示。

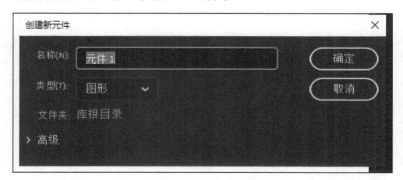

图 1-21

创建图形元件：首先在菜单栏中选择"插入"选项，然后在下拉菜单中单击"新建元件"命令，在"创建新元件"对话框中的"名称"文本框中输入元件名称，然后在"类型"下拉列表中选择"图形"选项，最后单击"确定"按钮，便可进入图形元件的编辑窗口。创建的图形元件可以在"库"面板中找到。

按钮元件：主要用于激发某种交互行为。创建按钮元件最关键的是设置弹起、指针经过、按下、单击这 4 种不同的帧。

创建按钮元件：首先在菜单栏中选择"插入"选项，然后在下拉菜单中单击"新建元件"命令，在"创建新元件"对话框中的"名称"文本框中输入元件名称，然后在"类型"下拉列表中选择"按钮"选项，最后单击"确定"按钮，便可进入按钮元件的编辑窗口。创建完按钮元件，打开"库"面板，即可显示创建的元件，如图 1-22 所示。

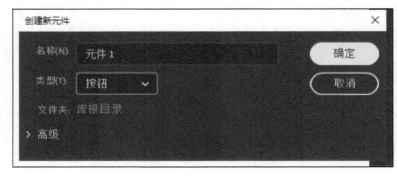

图 1-22

"时间轴"面板中显示如下 4 种帧。

（1）弹起：是指当设置按钮未处在按钮上时，呈现的外部状态。

（2）指针经过：是指当设置光标未处在按钮上时，呈现的外部状态。

（3）按下：是指当设置单击按钮时，呈现的外部状态。

（4）单击：是指设置鼠标指针单击按钮的有效范围。

影片剪辑元件：可创建反复使用的影片剪辑元件，其独立于主时间轴，有独立的时间轴，能独立播放。可以在影片剪辑元件中使用矢量图、图像、声音等，也可以在动作脚本中引用影片剪辑元件。

影片剪辑元件创建：首先在菜单栏中选择"插入"选项，然后在下拉菜单中单击"新建元件"命令，在"创建新元件"对话框中的"名称"文本框中输入元件名称，在"类型"下拉列表中选择"影片剪辑"选项，最后单击"确定"按钮，便可进入影片剪辑元件的编辑窗口。创建的影片剪辑元件可以在"库"面板中找到，如图 1-23 所示。

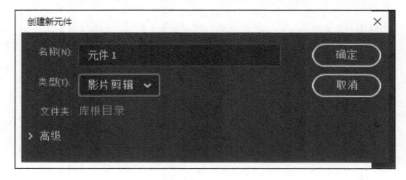

图 1-23

2．转换元件

在动画制作过程中，可将舞台上的对象转化为元件。首先选中对象，在菜单栏中选择"修改"选项，然后在下拉菜单中单击"转换为元件"命令，在"转换为元件"对话框中的"名称"文本框中输入元件名称，在"类型"下拉列表中选择需要转换的类型选项，最后单击"确定"按钮，即可完成元件转换操作。

3．编辑元件

元件创建完成后，可根据需要对元件进行编辑。在 Animate CC 2010 中，用户有以下 3 种方法编辑元件，分别是在当前位置编辑、在新窗口中编辑、在元件模式下的编辑。

在当前位置编辑：首先选中需要编辑的元件，在菜单栏中选择"编辑"选项，然后在下拉菜单中单击"在当前位置编辑"命令或者直接单击需要编辑的元件，或者在快捷菜单中单击"在当前位置编辑"命令均可完成在当前位置编辑元件的操作。

在新窗口中编辑：当舞台中的对象关系比较复杂时，可在新窗口中编辑元件。首先选中需要编辑的元件并右击，在打开的快捷菜单栏中选择"在新窗口中编辑"命令，即可完成在新窗口中编辑元件的操作。

在元件模式下的编辑：首先在菜单栏中选择"窗口"选项，然后在下拉菜单中单击"库"命令，便可找到创建的新元件。若需要修改该元件，则双击该元件便可进入元件编辑区，进而对元件进行编辑。

1.4　矢量图形应用

矢量图形也称为绘画图像，通过数学公式的方式来表达内容的图形，图形文件中的每条线段、每种颜色都会对应一个数学符号或公式，这些符号或公式用于记录线条坐标位置、粗细和颜色等信息。

矢量图形的优点是无论对其进行放大、缩小或旋转等操作均不会失真，并且其文件所占的空间小，携带、共享、分发、下载方便；其缺点是难以表现色彩层次丰富的逼真图像效果。

Animate CC 2020 的绘图功能强大，操作也极其方便，使用各种工具可以绘制不同的图形。在图形绘制方面，有两种基础绘画模式：一种是图形绘制模式，选择绘图工具绘制出来的图形便是图形绘制模式，其特点是不参加排列，是分散的，在每个节点部分均可单独拆开，但是后续不方便复杂操作；另一种是对象绘制模式，选择绘图工具，在其对应"属性"面板的"工具"面板中选择"▣"按钮，绘制出一个整体不会单独分开的图形，便于后期的复杂操作。

下面我们将通过一个具体案例来介绍 Animate CC 2020 中工具的使用。通过这个案例能够掌握 Animate CC 2020 中工具的使用方法。相关效果请扫描二维码进行查看。

步骤 1：首先双击桌面快捷键图标启动 Animate CC 2020，然后单击菜单栏中"文件"

菜单，再单击"新建"命令，弹出"新建文档"对话框，在弹出的"新建文档"对话框中设置合适的参数，最后单击"创建"按钮，便可创建一个空白文档，如图 1-24、图 1-25、图 1-26 所示。

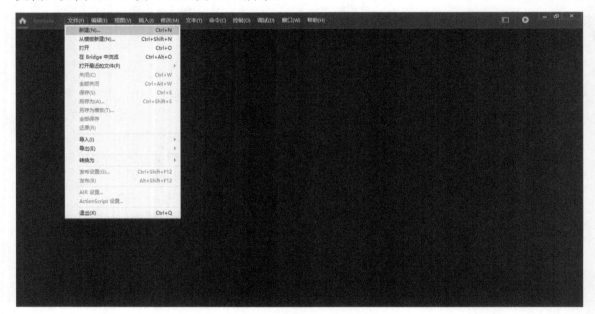

图 1-24

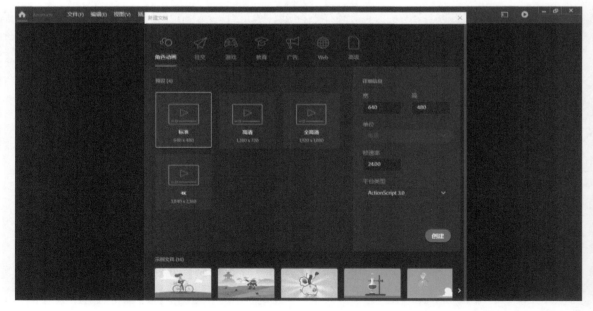

图 1-25

步骤 2：在"工具"面板中选择"矩形"工具，并在"属性"面板中选择"图形绘制模式"，并设置填充颜色和笔触，在"矩形选项"中设置矩形边角半径为 20，如图 1-27 所示。

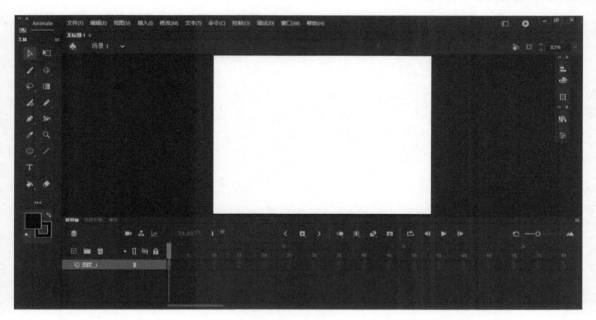

图 1-26

图 1-27

步骤 3：在"时间轴"面板中锁定"图层_1"图层，然后单击"新建图层"按钮，新建"图层_2"图层。注，若用户需要重新命名图层名称，则可以双击图层名称，然后编辑图层名称，按回车键完成图层名称的修改。

步骤 4：首先锁定其他图层，新建一个图层并重新命名图层，然后在"工具"面板中选择"钢笔工具"，在其对应"属性"面板中的"工具"面板中设置颜色和样式，再绘制山的形状，结束绘制时，一定要令黑色线条呈现闭合状态，如图 1-28 所示。

步骤 5：绘制石头。首先锁定其他图层，新建一个图层并重新命名图层，然后选择"颜色"面板，设置线性渐变，并编辑颜色；在"工具"面板中选择"颜料桶工具"命令给闭合形状填充颜色，最后在"工具"面板中选择"渐变工具"命令，精确调整颜色渐变的范围和方向。需要强调的是，每块石头的绘制均要在单独图层中绘制，每个图层均要编辑名称，这样方便后期其他操作，如图 1-29 所示。

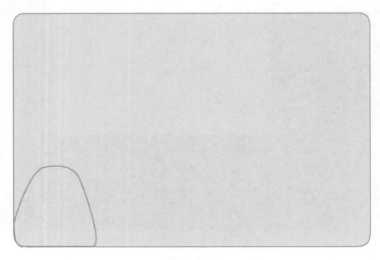

图 1-28

图 1-29

步骤 6：在绘制完每块石头后，同时选中这 5 个图层，按下快捷键 Ctrl+G，把每个图层的素材分别成组，再选中其中 4 个图层按下快捷键 Ctrl+X，剪切 4 个图层的素材并粘贴到剩下的一个图层上，粘贴完后，可以删除多余图层。

步骤 7：绘制波点纹样。锁定其他图层，新建一个图层并重新命名图层，在"工具"面板中选择"椭圆工具"，在其对应的"属性"面板中的"工具"面板中设置颜色和样式；然后拖动鼠标的同时按住 Shift 键，绘制出圆形；在单个波点绘制完成后，可以通过复制（Ctrl+C）和粘贴（Ctrl+V）获得图中的效果，也可以单击鼠标右键在弹出的下拉列表中选择"转换为元件"选项。在窗口中找到"库"面板，便会找到刚转为元件的图形，直接将其拖曳到舞台合适的位置即可，如图 1-30 所示。

图 1-30

步骤 8：山的绘制分成 3 部分，首先锁定其他图层，新建一个图层并重命名该图层。第一部分是绘制底部的白色三角形、在"工具"面板中选择"多边形工具"，在其对应的"属性"面板的"工具"面板中设置颜色、样式、工具，绘制出三角形后，在"工具"面板中选择"任意变形工具"，调整其形状；第二部分是绘制白色三角形前面一部分图形，先锁定其他图层，新建一个图层并重命名该图层，选择"工具"面板中的"钢笔工具"，在其对应"属性"面板中的"工具"面板中设置颜色、样式，绘制白色三角形前面一部分图形，图形绘制完成后可在"属性"面板中的"对象"面板中编辑颜色和样式；第三部分是绘制山的装饰纹样：选择"工具栏"中的"铅笔工具"，在"属性"面板中的"工具"面板中设置平滑、笔触。以上三部分绘制好后便可组成山的形状，然后通过复制和粘贴，将其放在画面中合适的位置，如图 1-31 所示。

图 1-31

　　步骤 9：首先锁定其他图层，新建一个图层并重新命名图层，然后在"工具栏"中选择"钢笔工具"，在其对应的"属性"面板中编辑颜色和样式，绘制图形时要注意图形的闭合，在绘制好边框后，选择"颜料桶"工具为其填充颜色，最后将所绘制的图形通过复制和粘贴操作，将其放在画面中合适的位置，如图 1-32 所示。

图 1-32

　　步骤 10：首先锁定其他图层，新建一个图层并重命名该图层，然后在"工具"面板中选择"椭圆工具"，在其对应的"属性"面板中的"工具"面板中编辑颜色和样式，在舞台中拖曳鼠标的同时按住 Shift 键，绘制出太阳，再在其对应的"属性"面板中的"对象"面板中选择"分离"命令，使用"任意变形工具"将多余部分去除，如图 1-33 所示。

图 1-33

第 2 章

基础动画制作

本章导读

本章将介绍创建补间动画、形状补间动画及路径动画的操作步骤。通过本章学习，用户可以熟练地制作丰富多彩的动画。

学习要点

补间动画的制作方法。

形状补间动画的制作方法。

路径动画的制作方法。

2.1 补间动画实例讲解

2.1.1 补间动画

补间动画也称为运动补间动画，是指在"时间帧"面板上的一个关键 创建补间动画
帧上放置一个元件，然后在另一个关键帧上改变该元件的大小、颜色、位置、透明度等，
Animate CC 2020 将自动根据两者之间帧的值创建动画。

构成补间动画的元素是元件，包括影片剪辑、图形元件、按钮、文字、位图、组合等，但不能是形状，只有把形状组合（Ctrl+G）或者转换成元件后才可以创建补间动画。

2.1.2 创建补间动画

新建空白文档，选中第 1 帧，把素材云导入到库中，依次选择"文件"→"导入"→"导入到库"命令，如图 2-1 所示。再按下 F8 键，把图片转换为元件，把元件名改为云，如图 2-2 所示。

图 2-1 图 2-2

选中第 1 帧，然后单击鼠标右键，在快捷菜单中选中"创建补间动画"命令，如图 2-3 所示。

图 2-3

这时我们就可以在时间轴上看到一组背景为橙色的帧，表示已经创建好了补间动画，这时可以把光标移动到补间动画的右侧，拖曳鼠标就可以调整补间动画的范围了，如图 2-4 所示。

图 2-4

选中第 2 帧，并在舞台上移动"云"元件，并且显示移动的路径，用户可以根据需要调整元件的大小并对其进行旋转，以及调整元件的透明度，如图 2-5 所示。第 2 帧呈现的是一个实心的黑色小菱形。

图 2-5

　　根据如上相同的方法为补间动画范围内的其他帧创建运动路径，用户可以根据需要调整的元件大小，并对其进行旋转，以及调整元件的透明度，如图 2-6 所示。

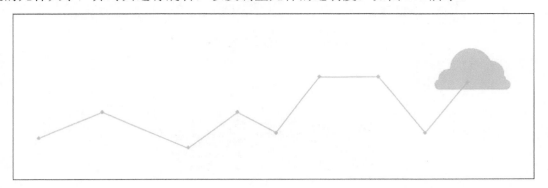

图 2-6

　　为了更好地查看云的运动轨迹，可以单击"绘图纸外观"按钮，如图 2-7 所示。右击"绘图纸外观"按钮，可自定义选定范围，如图 2-8 所示。

图 2-7

图 2-8

　　以上内容均设置好以后，云的运动轨迹如图 2-9 所示。

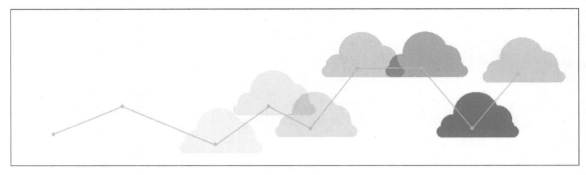

图 2-9

2.1.3 补间动画操作

补间动画创建完成后，我们可以运用补间动画的可复制与可粘贴属性，对补间动画进行移动、合并等操作。下面详细讲解操作步骤。

1．复制和粘贴补间动画

在 Animate CC 2020 中，若想要复制和粘贴补间动画，则需要新建一个元件，如图 2-10 所示。我们新建了一个星星元件，然后将它移到相应的位置，如图 2-11 所示。

图 2-10

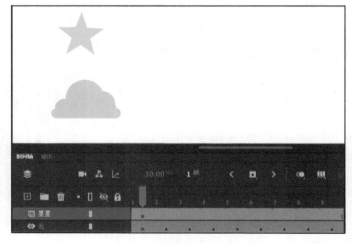

图 2-11

这时选中云元件并单击鼠标右键，然后单击"复制动画"命令，如图 2-12 所示。

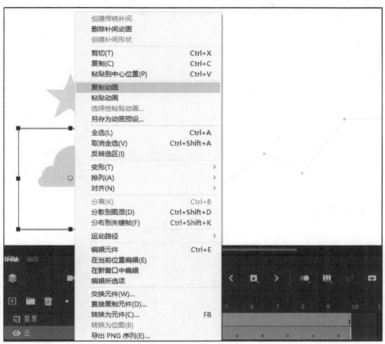

图 2-12

然后选择"星星"元件，在快捷菜单中选择"粘贴动画"命令，如图 2-13 所示。

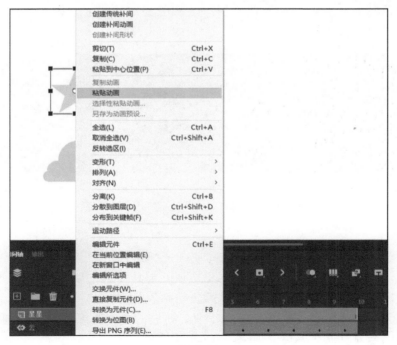

图 2-13

这时可见"星星"元件被赋予了运动路径，为了比较云和星星的运动路径是否一致，可单击"时间轴"面板中的"绘图纸外观"按钮来进行比较，其效果如图 2-14 所示。

图 2-14

2．移动补间动画范围

在创建完补间动画后，可以任意拖曳补间动画范围，先选中补间动画范围，然后当鼠标在补间动画范围时，会在鼠标右侧出现一个白色虚线矩形，这时再将其拖曳到想要的范围内即可，如图 2-15 所示。

图 2-15

3．合并或拆分补间动画

用户既可以将一个动画拆分为多个补间动画，又可以将多个补间动画合并为一个补间动画，若要将一个补间动画拆分为多个补间动画，则只需选中要分割补间动画的那个帧，然后单击鼠标右键，在快捷菜单中选择"拆分动画"命令，如图 2-16 所示。

若要将多个补间动画合并为一个补间动画，则只需选中连续的补间动画并右击，在快捷菜单中选择"合并动画"命令，如图 2-17 所示。

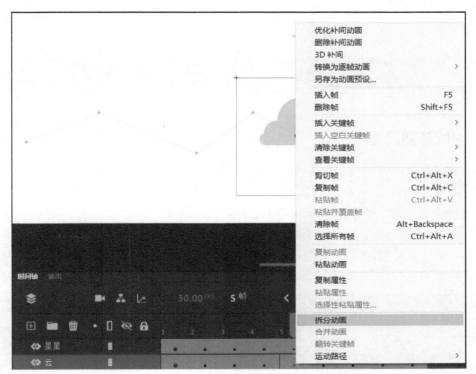

图 2-16

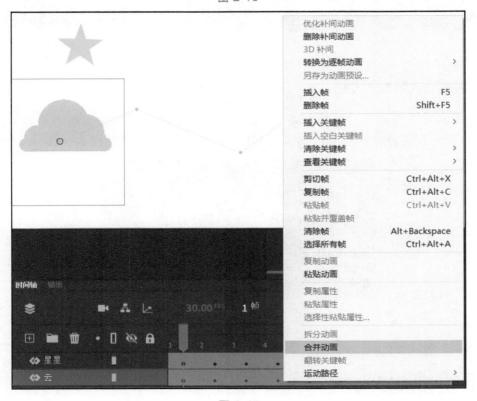

图 2-17

2.2 形状补间动画实例讲解

创建形状
补间动画

2.2.1 形状补间动画

形状补间动画可以实现两个图形之间的转变。也就是在时间轴上的一个关键帧中绘制形状，然后在时间轴上的另一个关键帧上绘制另一个形状，再选中其中任意一个帧并右击，在快捷菜单中选择"创建形状补间动画"命令，可以改变形状补间动画的形状、大小、位置和颜色。

在创建完形状补间动画后，在"时间轴"面板上创建形状补间动画的帧为浅橘色，并且在起始帧和结束帧之间形成一个黑色的箭头，如图 2-18 所示。

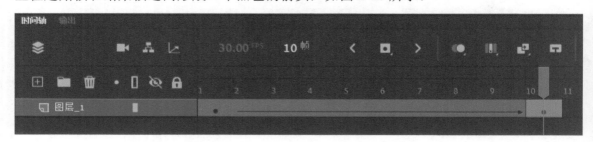

图 2-18

2.2.2 创建形状补间动画

创建形状补间动画的对象是分离的矢量图形，并且在"对象"面板中要显示为形状，如图 2-19 所示。在创建形状补间动画过程中不需要将动画元素转换成元件。

图 2-19

选中第 1 帧后并右击，在弹出的快捷菜单中选择"插入空白关键帧"命令，然后在"工具"面板中选择"矩形工具"，在舞台中绘制填充为黄色且无笔触的正方形，如图 2-20 所示。选中第 10 帧后并右击，在弹出的快捷菜单中选择"插入空白关键帧"命令，然后在"工具"面板中选择"椭圆工具"，在舞台中绘制填充为黄色且无笔触的圆形，如图 2-21 所示。

图 2-20

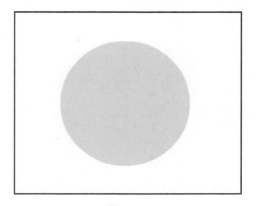

图 2-21

在时间轴上选中第 1 帧并右击，在弹出的快捷菜单中选择"创建补间形状"命令，如图 2-22 所示。最终呈现的结果如图 2-23 所示。

创建传统补间	
创建补间动画	
创建补间形状	
转换为逐帧动画	＞
插入帧	F5
删除帧	Shift+F5
插入关键帧	
插入空白关键帧	
清除关键帧	Shift+F6
转换为关键帧	F6
转换为空白关键帧	F7
剪切帧	Ctrl+Alt+X
复制帧	Ctrl+Alt+C
粘贴帧	Ctrl+Alt+V
粘贴并覆盖帧	
清除帧	Alt+Backspace
选择所有帧	Ctrl+Alt+A

图 2-22

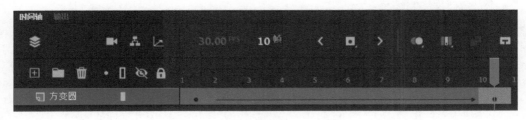

图 2-23

到目前为止，形状补间动画制作完成，Animate CC 2020 会自动补充中间过渡帧，在其中抽取第 3、6、9 帧的形状分别如图 2-24、图 2-25、图 2-26 所示。

图 2-24

图 2-25

图 2-26

注意，在创建形状补间动画前，若过渡帧是虚线，则表示没有正确地完成形状补间动画的创建。一般情况是起始帧或者结束帧上的对象并不是形状，或者是缺少开始或者结束的关键帧。

2.2.3 形状补间动画参数设置

创建形状补间动画后，选中时间轴上形状补间动画的帧，这时在"属性"面板上可以看到"补间"选项的 3 个参数，如图 2-27 所示。

下面介绍"属性"面板中的"补间"选项区域的含义。

"缓动"与"效果"："缓动"用于设置对象形状变化的快慢趋势，而"效果"用于设置对象形状变化快慢趋势的数值，其范围为–100～100，当该值小于 0 时，表示形状变化得越来越快，该值越小，加快的趋势越明显；当该值为 0 时，表示形状是匀速变化的；当该值大于 0 时，表示形状变化得越来越慢，该数值越大，减慢的趋势也越明显。

图 2-27

当然，用户可以自行调整"缓动"，单击"效果"文本框左边的  按钮，会出现自定义的缓动曲线，如图 2-28 所示。

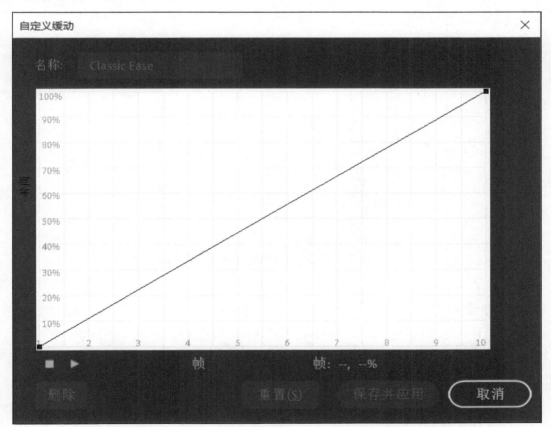

图 2-28

在用户自行调整"缓动"时，可以先使形状变化得越来越快，当到一个点后再变慢；也可以先使形状变化得越来越慢，当到一个点后再变快。

2.3　路径动画实例详解

2.3.1　路径动画

　　设置对象的运动路径需要用到运动引导层，使对象沿着路径运动，运动引导层上的路径在播放动画时不显示。在运动引导层上可以创建多条路径，并引导多个对象沿着不同路径运动。创建运动引导层动画时，必须是运动补间动画，而形状补间动画不可用。

2.3.2　创建运动引导层

　　在"时间轴"面板中，选择需要添加运动引导层的图层并右击，在弹出的快捷菜单中选择"添加传统运动引导层"命令，如图 2-29 所示。

创建运动
引导层

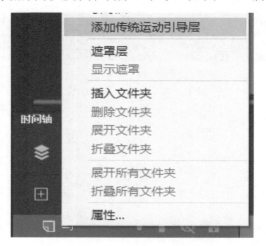

图 2-29

　　然后为选中的图层中添加运动引导层，在该图层上方出现"引导层：马"，如图 2-30 所示。

图 2-30

提示

　　将运动引导层转化为普通图层的方法与普通引导层之间互相转化的方法一样，但是运动引导层转化后的图层名称变为"引导层"。

2.3.3　运用运动引导层制作动画

　　下面介绍如何运用运动引导层来制作动画效果，具体操作步骤如下。

　　在"时间轴"面板中，选中"图层_1"并右击，在弹出的快捷菜单中选择"添加传统运动引导层"命令，如图 2-31 所示。

图 2-31

　　在运动引导层使用"铅笔工具"绘制一条曲线，在第 20 帧处插入普通帧，如图 2-32 所示。

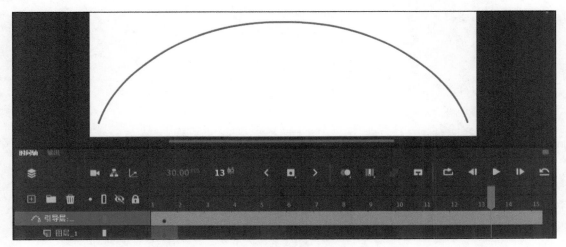

图 2-32

　　依次选择"文件"→"导入"→"导入到库"命令，把"马"图片导入到库中，如图 2-33 所示。

图 2-33

再按下 F8 键，将该图片转换为元件，把元件名称改为"马"，如图 2-34 所示。

图 2-34

将马元件拖至舞台中，将"图层_1"的第 1 帧移至曲线的左端点上，如图 2-35 所示。

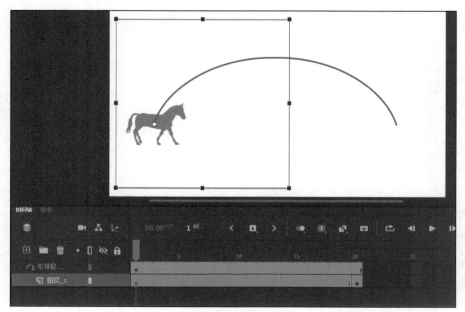

图 2-35

在"图层_1"的第 20 帧处插入关键帧，将舞台上的马元件移至曲线的右端点处，如图 2-36 所示。

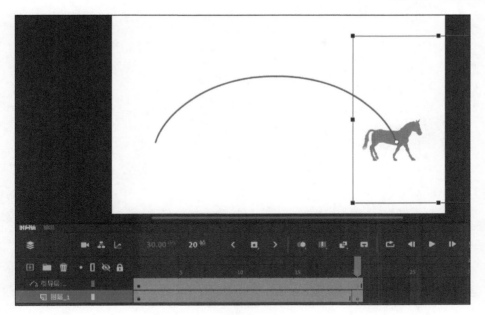

图 2-36

选中第 1 帧并右击，在弹出的快捷菜单中选择"创建传统补间"命令，其效果如图 2-37 所示。

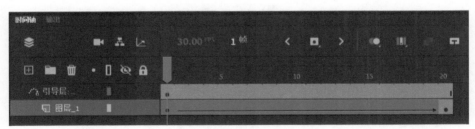

图 2-37

至此，完成引导层动画的制作，图 2-38 为第 5 帧的效果。

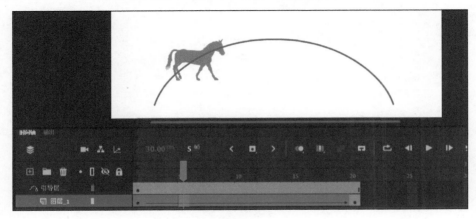

图 2-38

第二部分
脚本动画实践创作

第 3 章

影片剪辑动画创作

 本章导读

本章将介绍遮罩动画的基本使用方法，内容包括遮罩动画的概念、遮罩动画的创建与编辑、滤镜和图形混合模式的基本概念及其使用方法。

 学习要点

遮罩动画的使用方法。

滤镜的概念与基本操作。

图形混合模式的概念与运用。

3.1 遮罩动画实例详解

3.1.1 遮罩动画概念

遮罩动画是影片剪辑技术要点中的一个重要组成部分，也是极具特色
创建遮罩动画
而又有趣的一种剪辑技术。

遮罩动画，从字面上的意思理解看，存在着一种"遮挡物"与"被遮挡物"之间的关系。专业点讲，"遮挡物"也就是遮罩动画中的遮罩层，而"被遮挡物"则是遮罩动画中的被遮罩层。而遮罩动画的技术原理其实就好像我们站在房屋外透过窗户看房间里的事物一样，那么，窗户有多大，看到的场景便有多大，窗户的边缘是什么形状，看到的场景的边缘便呈现出什么形状，其中窗户表示遮罩层，它决定我们能看到的事物范围与外形，而透过窗户所看到的事物则表示被遮罩层。

3.1.2 创建遮罩层

首先需要明确，被遮罩层总是在遮罩层的下面。以下讲解创建一个遮罩层的具体步骤。确定需要创建关系的两个图层，将遮罩层放在被遮罩层的上方，选中遮罩层并右击，

在弹出的快捷菜单中选择"遮罩层"命令即可创建，如图 3-1 所示，图 3-2 所示为"遮罩层"命令执行后形成的被遮罩层。

图 3-1

图 3-2

3.1.3　编辑遮罩层

若想要将一个普通图层和遮罩层形成遮罩关系，则可以将该普通图层拖曳到遮罩层的下方，即可形成遮罩关系，分别如图 3-3、图 3-4 和图 3-5 所示。

图 3-3

图 3-4

若要编辑或修改被遮罩层上的内容，则需要执行如下操作。

首先用鼠标单击被遮罩层，单击🔒按钮解锁（锁的颜色由亮变暗即为已解锁），即可开始编辑。

完成编辑后，选中编辑后的被遮罩层并右击，在弹出的快捷菜单中选择"显示遮罩"命令，即可恢复到之前的遮罩效果。

在编辑过程中，有时会影响遮罩层，故为了防止误编辑，可以选择先将遮罩层隐藏。

图 3-5

3.1.4　取消遮罩层

若想要取消遮罩层效果，一般有以下 3 种方法。

（1）修改遮罩层与被遮罩层的图层顺序，可以将被遮罩层拖曳到遮罩层的上方，或者将其往下按照间隔一个或两个图层的距离拖曳，那么可以看到，图层之间的遮罩关系会自动取消。

（2）直接选中遮罩层并右击，在弹出的快捷菜单中选择"遮罩层"命令。

（3）直接选中被遮罩层并右击，在弹出的快捷菜单中选择"属性"命令，然后将"类型"选择为"一般"，即可取消遮罩关系。遮罩关系取消前后的效果分别如图 3-6 和图 3-7 所示。

图 3-6

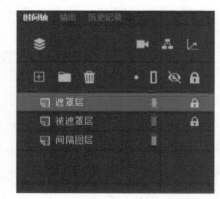

图 3-7

在通过改变遮罩层与被遮罩层之间的图层顺序取消遮罩关系时，若再将两个图层恢复到以前的顺序，则原有的遮罩关系便又会重新出现。

3.1.5　遮罩动画实例讲解——以文字的高光为例

（1）首先，创建一个 Action Script 3.0 文件，帧速率为 30，宽和高分别为 640 像素和 480 像素，如图 3-8 所示。

（2）在第 1 个图层上输入静态文本"Animate"，并把图层命名为"文字"，如图 3-9 所示。

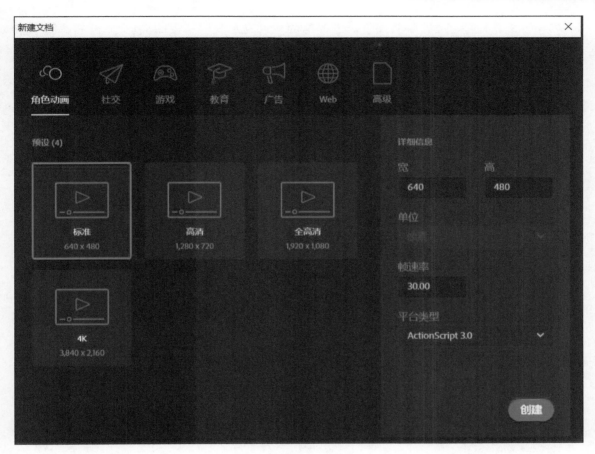

图 3-8

图 3-9

（3）将文本填充设置为酒红色，去掉笔触（也就是我们常说的描边），并将舞台背景设置为浅灰色，如图 3-10 所示。

图 3-10

（4）新建一个图层并命名为"高光"，选择"矩形工具"，在画布空白区域画出一个白色的长方形，此时，长方形为图形模式，如图 3-11 所示。

图 3-11

（5）双击所画图形，进入隔离模式，然后用"选择"工具在长方形中选出一个小细条，并将其删除（这里所留出的小细条是为了让高光效果更加生动、自然），分别如图 3-12、图 3-13 所示。

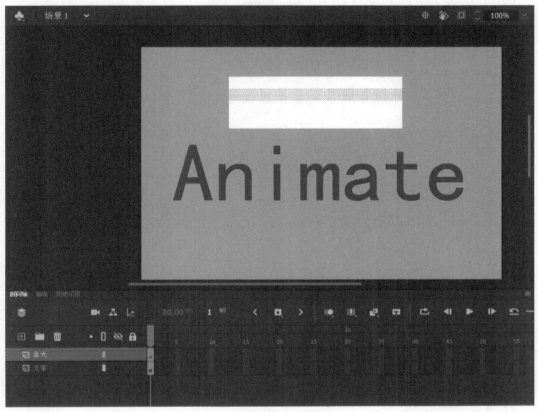

图 3-12

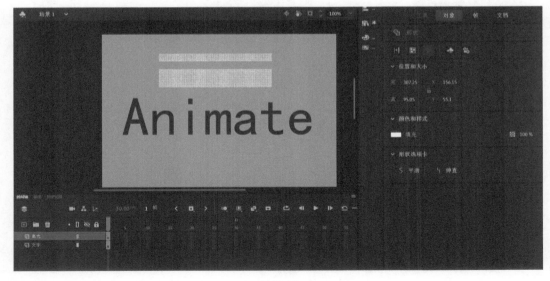

图 3-13

（6）单击图形以外的区域，退回到场景里，用"选择"工具将剩下的白色图形全部选中，并单击图标，创建白色图形为对象，如图 3-14 所示。

图 3-14

（7）接下来开始创建动画。首先，在文字图层的第 1 帧和第 30 帧的位置插入延长帧。此时，需要将图形放置到不同的位置，在此操作中，在第 1 帧处，白色高光在英文单词的左边；在第 30 帧处，白色高光处于英文单词的右边，这样的设置是为了让高光形成一个从左到右的运动特效，如图 3-15 所示。

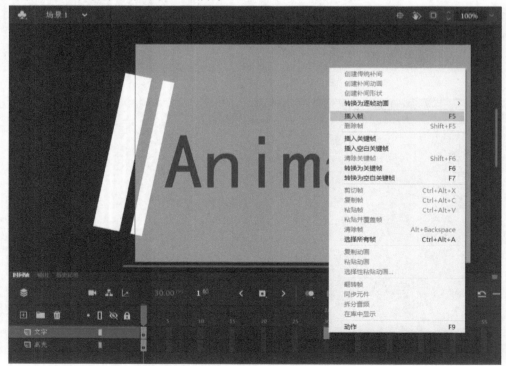

图 3-15

（8）在高光图层的第 1 帧和第 30 帧处分别插入关键帧，然后选中高光图层时间轴的中间位置并右击，在弹出的快捷菜单中选择"创建传统补间"命令。然后选中文字图层并右击，在弹出的快捷菜单中选择"遮罩层"命令，将该图层设置为遮罩层，然后高光图层变成了被遮罩层，如图 3-16 所示。

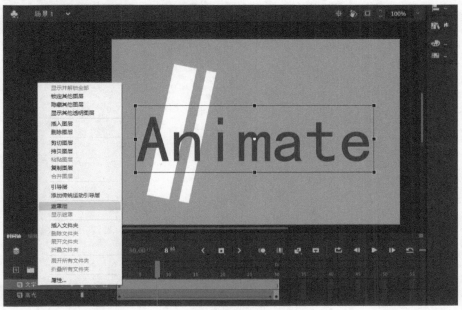

图 3-16

（9）新建图层并将其命名为"文字 2"，将其拖曳到底层。然后复制"文字"图层的帧到"文字 2"图层，如图 3-17 所示。

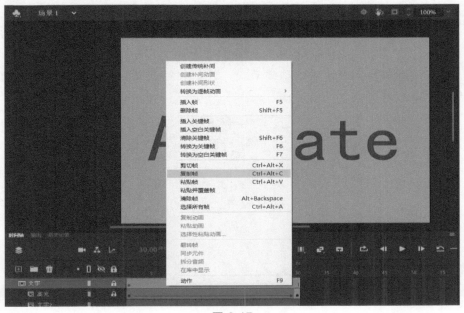

图 3-17

（10）选中"文字 2"图层并右击，在弹出的快捷菜单中选择"图层属性"命令，然后在"图层属性"面板中将"类型"设为"一般"，如图 3-18 所示。

图 3-18

（11）单击"文字 2"图层的 🔒 按钮，操作完成。

（12）按住 Ctrl+Enter 键，播放动画效果，可以看到文字的高光从左至右移动的效果，如图 3-19 所示。

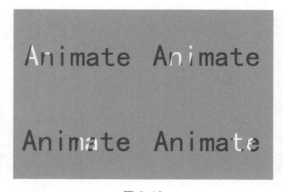

图 3-19

3.2　滤镜使用与图形混合

3.2.1　滤镜的概念

所谓滤镜，简单来说就是指具有图像处理能力的过滤器，通过这种滤镜的使用，可以让对象产生各种各样的效果，从而生成一个全新的图像，而且这个图像的效果还具有矢量的特性。

滤镜的主要功能为投影、模糊、发光、斜角、渐变发光、渐变斜角和调整颜色。其中，各种功能中又有不同的参数设置，用户可以通过自身需要设置不同的参数来得到想要的效果。

熟练地掌握滤镜的应用可以对设计起到很大的作用。

3.2.2　滤镜的基本操作

1．应用滤镜

在 Animate CC 2020 中，若要给对象添加一个滤镜，则可以执行以下操作。

（1）首先选中要应用滤镜的对象，可以是文本、影片剪辑或者是按钮。

（2）在"属性"面板中，选择"滤镜"选项，然后单击"滤镜"面板右上方的"＋"按钮，即可看到滤镜的各功能选项，如图 3-20 所示。

（3）选择需要的功能，单击具体功能即可看到更多的细分参数，可以根据需要对其进行一一调整。

（4）全部设置完成后，返回到"属性"面板，可以在属性列表区域内看到所用的滤镜名称及各参数的设置，如图 3-20 所示。

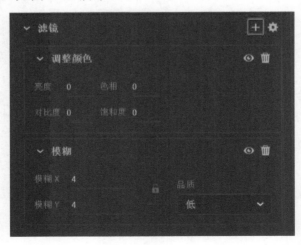

图 3-20

（5）若要再次添加滤镜，则可以直接重复以上操作，并通过不断地添加滤镜实现多种效果的叠加。

2．删除滤镜

删除滤镜的具体操作如下。

（1）选中滤镜应用的对象，如文本、影片剪辑和按钮。

（2）在"属性"面板中，选择"滤镜"选项，可看到已用的滤镜特效依次排列在"滤镜"面板中，直接单击每个特效后面的删除图标即可逐个删除，如图 3-21 所示。

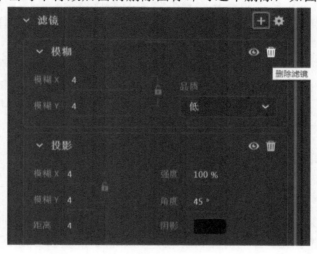

图 3-21

注意：若想要一次性删除全部滤镜，则可单击"设置"按钮，选择"删除全部"命令即可，如图 3-22 所示。

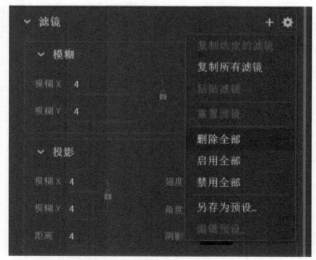

图 3-22

3．调整滤镜顺序

当一个对象应用到多个滤镜，且所应用滤镜的顺序不同时，那么最终得到的效果也会不同，故有时需要调整滤镜顺序。调整滤镜顺序的操作具体如下。

（1）选中需要更改顺序的滤镜。

（2）在各个滤镜特效列表中拖曳需要更改顺序的滤镜到需要的位置即可。

4．编辑单个滤镜

Animate CC 2020 允许对各个滤镜进行单个编辑。编辑单个滤镜的操作如下。

（1）直接单击需要编辑的滤镜名称。

（2）在各个滤镜特效下根据需要调整不同滤镜的参数即可。

5．复制和粘贴滤镜

在 Animate CC 2020 中，若需要将某个对象的部分滤镜或者全部滤镜应用到其他对象或全部对象上，则可以通过简单的复制和粘贴操作完成，而不需要逐个地调整参数。具体操作步骤如下。

（1）选择要复制的滤镜对象，找到"滤镜"面板。

（2）直接单击"滤镜"面板的"设置"按钮。

（3）单击需要粘贴滤镜的对象，然后再次找到"滤镜"面板，单击"设置"按钮，直接选择需要的功能即可，如图 3-23 所示。

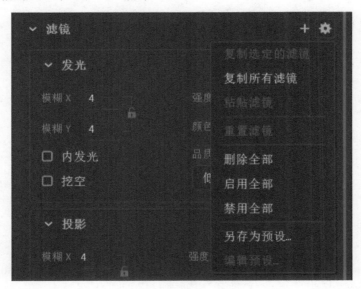

图 3-23

3.2.3　滤镜的功能

Animate CC 2020 中包含 7 种滤镜功能：投影、模糊、发光、斜角、渐变发光、渐变斜角、调整颜色，如图 3-24 所示。

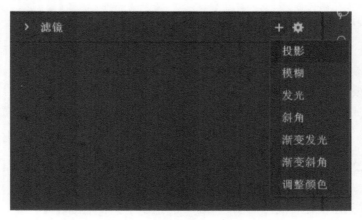

图 3-24

1. 投影

投影滤镜的使用可以使对象显得更加真实，通过投影滤镜中不同选项值的调整能够极大程度地模拟现实事物的投影效果。投影的具体选项图 3-25 所示。

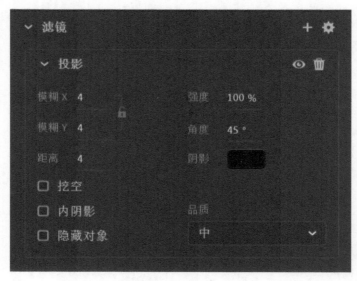

图 3-25

投影滤镜的各个选项值的配置说明如下。

"模糊 X"和"模糊 Y"：分别表示阴影模糊柔化的宽度和高度，如图 3-26 所示。"选项"面板中的🔒按钮是为了避免 X 轴和 Y 轴同时模糊柔化而设定的限制，当把🔒按钮点开时，可以将两个轴的模糊值调整到相同的值。

"强度"：是指阴影的暗度，如图 3-27 所示。图 3-27（a）中的投影强度是 100%，图 3-27（b）中的投影强度是 30%。

"品质"：是指阴影模糊的质量，这里阴影模糊质量的高低与对象的过渡是呈正比例关系的，也就是说，质量越高，过渡就越流畅，反之则越粗糙。其中，阴影质量的高低也与执行效率有关，不可一味地追求高质量，还应该适当考虑计算机的运行速度。

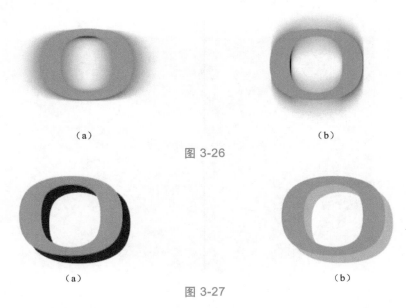

（a） （b）

图 3-26

（a） （b）

图 3-27

"角度"：是指阴影相对于对象本身的方向，可以理解为，光线的照射角度不同，投影的大小及方向也是不同的。

"距离"：是指阴影相对于对象本身的远近，如图 3-28 所示，图 3-28（a）中的投影距离为 6，图 3-28（b）中的投影距离为 20。

（a） （b）

图 3-28

"挖空"：是指将原对象挖空，只显示阴影，如图 3-29 所示，图 3-29（c）所示为挖空对象后的效果。

"内阴影"：是指在对象的边界内应用阴影，如图 3-29（a）所示。

"隐藏对象"：是指不显示对象，只显示阴影，如图 3-29（c）所示。

（a） （b） （c）

图 3-29

2．模糊

模糊滤镜的效果主要用来柔化对象的边缘或者细节。图 3-30 是"模糊滤镜"选项的操作面板。

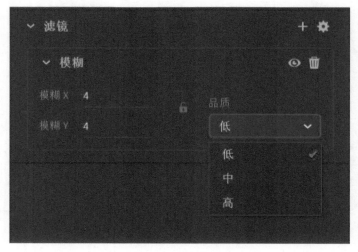

图 3-30

"模糊滤镜"的各项设置参数简要说明如下。

"模糊 X"和"模糊 Y"：指模糊柔化的宽度和高度，单击 🔒 按钮可以使对象双向模糊，单击 👁 按钮可以暂时关闭或开启模糊效果。

"品质"：是指模糊的质量，其质量越高，效果越近似于 Adobe Photoshop 中的高斯模糊的质量。

图 3-31（a）所示为 X 轴模糊效果，图 3-31（b）所示为 Y 轴模糊效果，图 3-31（c）所示为两轴同时模糊的效果。

(a)　　　　　　　　　(b)　　　　　　　　　(c)

图 3-31

3．发光

发光滤镜可以使对象的边缘具有颜色，并产生像光芒一样的效果，图 3-32 是"发光滤镜"的控制面板。

"发光滤镜"的各项设置参数简要说明如下。

"模糊 X"和"模糊 Y"：参照"模糊滤镜"的效果说明。

"强度"：是指发光效果的强弱，如图 3-33 所示。图 3-33（a）所示是发光强度为 100%的效果，图 3-33（b）所示是发光强度为 200%的效果。

图 3-32

（a）　　　　　　　　　　　　（b）

图 3-33

"颜色"：是指发出光芒的颜色。

"挖空"：是指原有对象被挖空，只显示光芒，如图 3-34（a）所示。

"内发光"：是指只在对象的边界内发出光芒，如图 3-34（b）所示。

（a）　　　　　　　　　　　　（b）

图 3-34

"品质"：是指所发出光芒的的自然度，其品质越高，光芒越自然，越真实。

4．斜角

"斜角滤镜"的选项值包括"模糊 X""模糊 Y""距离""挖空""类型""强度""角度""阴影""加亮显示""品质"。"斜角滤镜"的选项面板如图 3-35 所示。

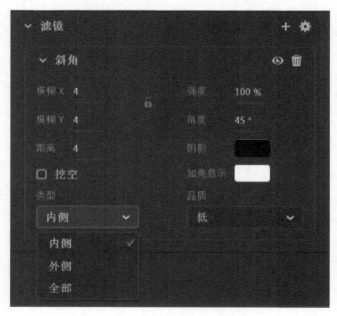

图 3-35

"斜角滤镜"的各项设置参数简要说明如下。

其中，"模糊 X""模糊 Y""距离""挖空""强度""品质"在上文中都已经提到，可以参照滤镜的其他选项，这里不再阐述。

"类型"：分为内侧、外侧和全部。这里指的是应用到对象上所产生的类似于浮雕的效果，这种效果可以使对象看起来凸出于背景的表面，而不同类型的值则可以带来不同的图标效果。如图 3-36 所示，从左到右分别是为内侧、外侧和全部的应用效果。

图 3-36

"角度"：是指斜角应用的方向和位置。图 3-37（a）所示的是同等其他数值下全部斜角 45°的应用，而图 3-37（b）所示的是同等其他数值下全部 90°的应用。

"阴影"：是指对象应用斜角阴影位置的颜色，图 3-38（a）所示为应用了橘色的阴影。

"加亮显示"：是一种可以使对象产生更加立体效果的滤镜，图 3-38（b）所示为应用了黑色的"加亮显示"，而应用过"加亮"效果后的文字变得更加凸起。

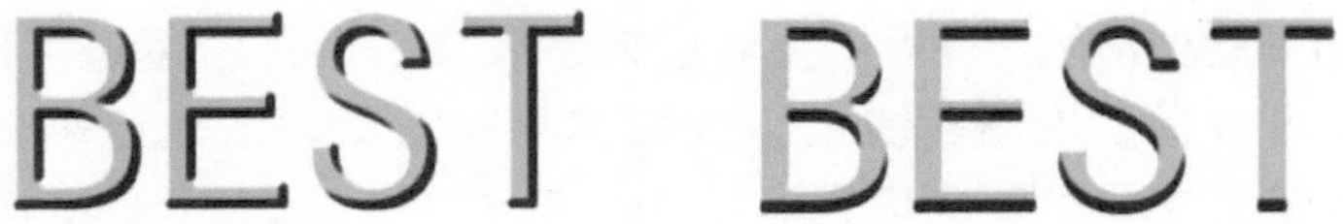

BEST BEST

(a)　　　　　　　　　　　　(b)

图 3-37

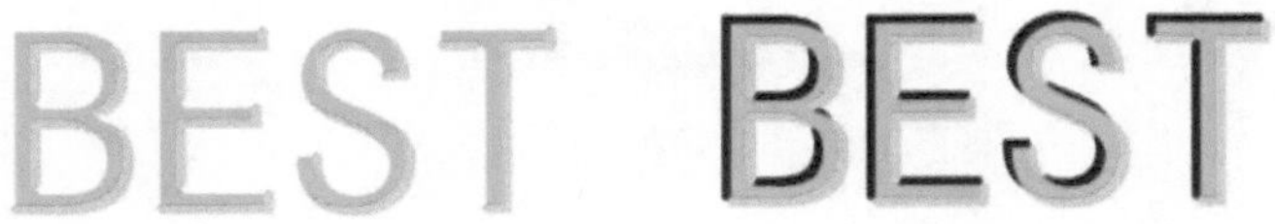

BEST BEST

（a）　　　　　　　　　　　　（b）

图 3-38

5．渐变斜角

"渐变斜角滤镜"是一种可以使对象变得非常立体，呈现出一种凸起的三维效果的滤镜，而且斜角的表面还有渐变的颜色。"渐变斜角滤镜"控制面板如图 3-39 所示。

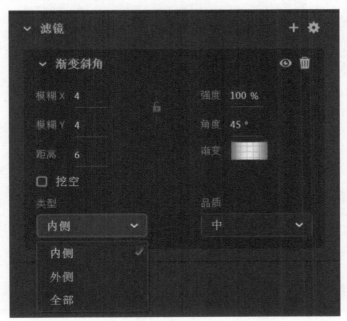

图 3-39

"渐变斜角滤镜"的功能设置包括"模糊 X""模糊 Y""距离""挖空""类型""强度""角度""渐变""品质"。其中，除"渐变"外上文皆有提到，故此节只详细讲述"渐变"这一功能类型。

"渐变"：用于指定斜角的渐变颜色。这里的渐变主要包含两种或两种以上可以相互混合或淡入的颜色。

需要指出的是，渐变功能中的指针可以根据需要双击颜色滑条进行添加，不能少于两个，添加过的指针可以通过向下拖曳的方式将其删除。其中，通过单击鼠标可以自行改变指针的颜色，拖曳指针的位置也可以调整颜色覆盖的范围。图 3-40 为不同渐变色的效果展示。

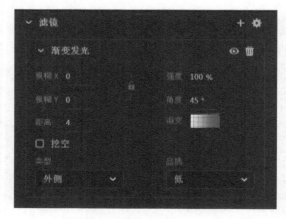

图 3-40

6. 渐变发光

"渐变发光滤镜"可以使对象在表面产生像发射光芒一样的效果，"渐变发光滤镜"的功能面板如图 3-41 所示。

图 3-41

"渐变发光滤镜"的各项设置参数简要说明如下。

"类型"：是指对象发光的位置，可以是内侧发光，也可以是外侧发光或者是全部发光。

"渐变"：与上文中的"渐变斜角滤镜"中的"渐变"类似。

7. 调整颜色

"调整颜色滤镜"可以调整文字、按钮和影片剪辑这 3 种对象。图 3-42 所示的是"调整颜色滤镜"的功能面板。

图 3-42

"调整颜色滤镜"的各项参数设置简要说明如下。

"亮度"：用于调整对象的亮度，其范围是-100～100。

"对比度"：用于调整对象的对比度，其范围是-100～100。

"饱和度"：用于调整对象的颜色饱和度，其范围是-180～180。

"色相"：用于调整颜色的色性和深浅，其范围是-100～100。

图 3-43（a）所示的是其他数值为零，"亮度"为 70 的效果，图 3-43（b）所示的是其他数值为零，"对比度"为 30 的效果。图 3-44（a）所示的是其他数值为零，"饱和度"为 50 的效果，图 3-44（b）所示的是其他数值为零，"色相"为 50 的效果。

　　　　　（a）　　　　　　　　　　　　　（b）

图 3-43

　　　　　（a）　　　　　　　　　　　　　（b）

图 3-44

3.2.4　混合模式

所谓混合模式，其实通俗来说就像我们日常做饭一样，在做饭过程中，我们需要放入不同的调料，如盐、味精、胡椒粉、糖等，然后每道菜都可以根据个人口味来决定放入调料的多少，从而最终得到我们最想要的"味道"。

　　使用混合模式可以通过运用我们的设计头脑让普通的图像变得更加引人注目和富有趣味性，并具有独特的效果。那么为了更好地了解混合模式的功能，还需要明确以下几个概念。

　　混合模式的对象：剪辑影片、按钮。

　　混合模式的元素：混合颜色、不透明度、基准颜色和结果颜色。

　　图 3-45 所示的是混合模式的控制面板和选择面板。

图 3-45

　　混合模式的使用步骤如下。

（1）单击需要运用混合模式的对象，可以是影片剪辑或者按钮。

（2）找到"属性"面板，选择"混合"选项，在其中选择需要的效果，如图 3-46 所示。

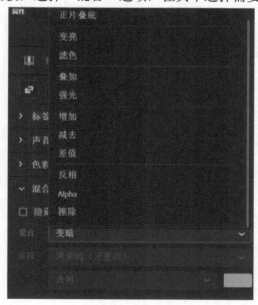

图 3-46

（3）将带有混合模式的对象定位到要修改的背景或者元件上即可。

Animate CC 2020 中的混合模式的功能如下。

"正片叠底"：将基准颜色复合起来然后再混合其他颜色，从而产生比较暗的一种颜色。

"变亮"：只替换比混合颜色暗的区域，比混合颜色亮的区域保持不变。

"滤色"：用基准颜色复合以混合颜色的反色，从而产生漂白的一种效果，类似于漂白剂的作用。

"叠加"：复合式过滤颜色，具体操作取决于基准颜色。

"强光"：复合式过滤颜色，具体操作取决于混合模式颜色，该效果类似于用点光源映照对象。

"增加"：在基准颜色的基础上再增加混合颜色。

"减去"：从基准颜色中去除混合颜色。

"差值"：从基准颜色中去除混合颜色，或者是从混合颜色中去除基准颜色，效果类似于彩色底片。

"反相"：与基准颜色的反色类似。

"Alpha"：应用 Alpha 遮罩层。

"擦除"：删除所有的基准颜色，包括背景图像中的一并删除。

"变暗"：只替换比混合颜色亮的区域，比混合颜色暗的区域保持不变。

"一般"：正常的颜色，与基准颜色没有关系。

"图层"：将各个影片剪辑层叠加起来，但是不影响图层的颜色。

各种混合模式的效果如图 3-47 所示，依次是一般、正片叠底、变亮、变暗、滤色、叠加、强光、增加、减去、差值、反向、Alpha、擦除、图层和原图。

图 3-47

第4章

骨骼动画

✎ 本章导读

本章将介绍骨骼动画，引导读者学习认识骨骼动画的功能，主要内容包括骨骼工具的介绍（含文本工具）、编辑骨骼操作、编辑骨骼工具、骨骼动画实例讲解。

✎ 学习要点

骨骼工具具体概念。

编辑骨骼操作。

编辑骨骼工具。

骨骼动画实例讲解。

4.1 骨骼设置

4.1.1 骨骼设置

1. 骨骼工具

使用"骨骼工具"可以轻松地创建人物动画，如胳膊、腿和面部表情的自然运动。使用"骨骼工具"可以向元件实例或形状添加骨骼。在一个骨骼移动时，与其中运动骨骼相关的其他连接骨骼也会移动。在使用反向运动进行动画处理时，只需指定对象的开始位置和结束位置即可。

在父子层结构中，骨架中的骨骼彼此相连。源于统一骨骼的骨架分支称为同级，骨骼之间的连结点称为关节。

2. 向元件添加骨骼

向元件添加骨骼是指用关节连接一系列元件。

（1）在舞台上创建元件实例，并在舞台上排列元件实例。

（2）在绘制工具箱中选择"骨骼工具"，并单击要成为骨架的根部或头部的元件，用鼠标将其拖曳到其他元件处，并将其连接到根部。

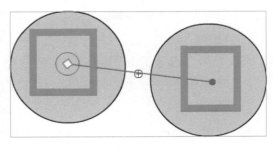

（3）在拖曳时，将显示骨骼。用鼠标单击空白处，两个元件之间将显示实心的骨骼。每个骨骼都有头部、中部和尾部，如图4-1所示。骨架中的第1个骨骼是根骨骼，骨骼头部围绕有一个圆圈。

图 4-1

3．在形状中添加骨骼

每个元件实例只能有一个骨骼，而单个形状对象的内部可以添加多个骨骼。在单个形状对象的内部添加骨骼时，不用绘制形状的不同版本或创建补间形状，就可以移动形状的各个部分，并进行动画处理。例如，在人的形状中添加骨骼，就可以创建人的行走动画。

（1）在舞台上创建填充的形状，如图4-2所示。

（2）在舞台上选中整个形状。

（3）在绘制工具箱中选择"骨骼工具"，然后在形状内部单击并将该工具拖曳到形状内的其他位置。

注意：在添加第1个骨骼前必须选择所有形状，并且把形状转化为元件。在添加骨骼后，所有的形状和骨骼均转换为 IK（反向运动）形状对象，（注，IK 是指一种使用骨骼工具对对象进行动画处理的方式，这些骨骼按父子关系连接成线性或枝状的骨架。当一个骨骼移动时，与其连接的骨骼也会发生相应的移动。IK 形状就是指这种关系的形状），并将该对象移动到新的骨架图层。当形状转为 IK 形状后，就无法再向其添加新笔触，或与 IK 形状之外的其他形状合并。

（4）从第1个骨骼尾部拖曳到形状内的其他位置，添加其他骨骼。添加骨骼后的效果如图4-3所示。

图 4-2

图 4-3

注意：创建骨骼后，若要从 IK 形状或骨架中删除所有骨骼，则可以选择形状，然后执行"修改"→"分离"（Ctrl+B）命令，IK 形状将还原为正常形状。

4.1.2 编辑骨骼

添加的骨骼通常还需要修改，以便能够更好地进行设计。

1. 选中骨骼

使用"部分选取工具"选中指定的骨骼，双击某个骨骼，可以选中骨架中的所有骨骼。单击骨架图层中包含骨架的帧，可以选择整个骨架并显示骨架的属性。

2. 移动骨骼

（1）使用"部分选取工具"拖动骨骼的一端，可以移动骨骼的另一端的位置。

（2）使用"部分选取工具"选择 IK 形状，然后拖动任意一个骨骼，即可移动骨架。

（3）在"变形"面板中修改实例的变形点，可以移动元件实例内骨骼连接、头部或尾部的位置。

3. 修改骨骼属性

选中要修改的骨骼，在如图 4-4 所示的"属性"面板中可以修改骨骼属性。

（1）使用"部分选取工具"选中一个骨骼后，按下键盘的"上、下、左、右"按键，可以将所选内容移动到相邻骨骼。

（2）选择"属性"→"对象"→"位置"命令，可以显示选中的 IK 形状在舞台上的位置和大小，如图 4-5 所示。

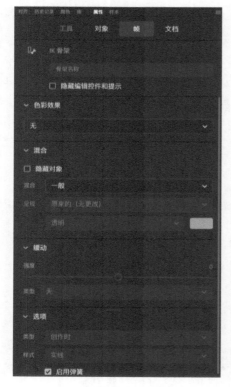

图 4-4

图 4-5

（3）选择"属性"→"对象"→"位置"命令，X 表示使骨骼连接横向平移，Y 表示使骨骼连接纵向平移。

注意：在对该骨骼禁用旋转操作时，对骨骼同时启用 X、Y 平移，可以更容易地使骨骼固定。

（4）选择"属性"→"对象"→"帧"命令，"缓动"用于限定骨骼的运动速度，最大值为 100，最小值为 -100，如图 4-6 所示。

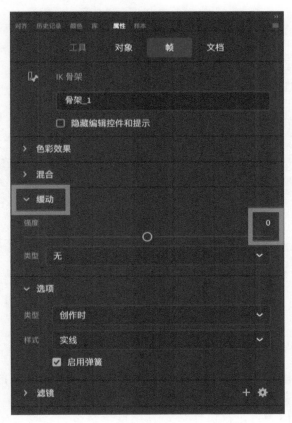

图 4-6

4.1.3 骨骼绑定工具

使用"骨骼绑定工具"调整形状对象的各个骨骼和控制点之间的关系。在默认情况下，形状的控制点连接到离其最近的骨骼。使用"骨骼绑定工具"可以编辑单个骨骼和形状控制点之间的连接，这样就可以控制在每个骨骼移动时图形扭曲的方式，以获得更满意的效果。

（1）使用"骨骼绑定工具"单击骨骼，可以查看骨骼中控制点之间的连接。

① 骨骼已连接的点以黄色加亮显示，选定的骨骼以红色加亮显示，如图 4-7 所示。

② 骨骼仅连接到一个骨骼的控制点显示为方形，连接到多个骨骼的控制点显示为三角形，分别如图 4-8、图 4-9 所示。

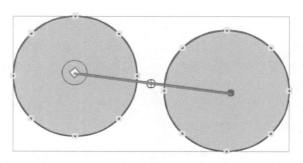

图 4-7

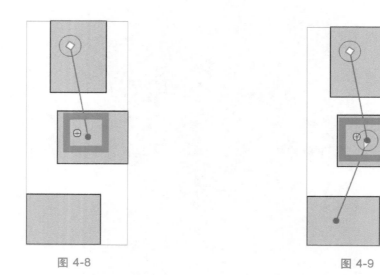

图 4-8　　　　　　　　　　　　　　　　　图 4-9

（2）使用"骨骼绑定工具"单击控制点，可以加亮显示已连接到该控制点的骨骼。

（3）"骨骼绑定工具"操作要点如下。

① 向选定的骨骼添加控制点：可以按住 Shift 键并单击未加亮的控制点，也可以通过按住 Shift 键拖曳来选择要添加到选定骨骼的多个控制点。

② 从骨骼中删除控制点：可以按住 Ctrl 键单击黄色加亮显示的控制点，也可以通过按住 Ctrl 键拖曳来删除选定骨骼中的多个控制点。

③ 向选定的控制点添加其他骨骼：按住 Shift 键并单击骨骼。

④ 从选定的控制点删除骨骼：按住 Ctrl 键并单击以黄色加亮显示的骨骼。

4.2　骨骼动画实例详解

下面将从一个人物动画实例，实现人物行走的运动过程，来讲解骨骼运动动画的创建与处理方法，为了更好地观察动画的创建方法与运动过程，下面使用了一个非常简单的人物造型来进行讲解。具体动画效果请扫描二维码进行查看。

（1）新建一个 Action Script 3.0 文件，导入一个人物身体各部件的"影片剪辑"元件，在舞台上排列配置，并勾选"创建影片剪辑"复选框，如图 4-10 和图 4-11 所示。

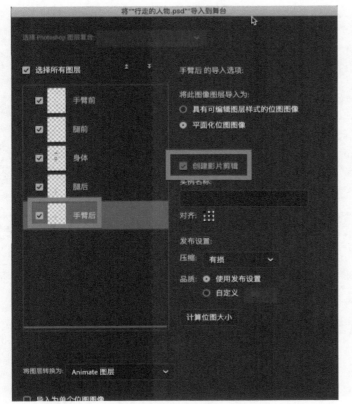

图 4-10

图 4-11

（2）利用"打散"（Ctrl＋B）命令将手臂图层打散，使用"骨骼工具"连接手臂部分，并调整骨骼状态，如图 4-12 所示。

（3）继续添加骨骼，使用"骨骼工具"调整身体后面的手臂元件及腿部元件的骨骼状态，直至符合人体走路状态为止，如图 4-13 所示。

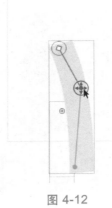

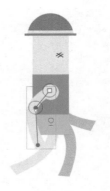

图 4-12

图 4-13

（4）在第一次创建骨骼后，就会自动创建一个对应的骨骼图层，而在创建骨骼结束后，原来所有的元件都将被吸入骨骼图层中，即原来的图层应该显示为空白状态，删除原图层即可。

（5）将这几个骨架图层延伸至第 30 帧，得到如图 4-14 所示的状态。

图 4-14

（6）在第 15 帧处新建关键帧，并调整四肢的弯曲状态。使用"选择工具"在四肢弯曲位置和末端进行拖动，如图 4-15 所示。

图 4-15

（7）至此，就完成了人物行走动画的处理，按住 Ctrl+Enter 键就可以预览其效果了，如图 4-16 所示。

图 4-16

第 5 章

交互动画

 本章导读

　　本章将介绍交互动画的制作基础，内容包括交互动画的概念、交互动画的要素、"动作"面板和"代码片断"面板的使用方法，为帧、按钮、影片剪辑添加动作，以及创建简单的交互动画。

 学习要点

　　"动作"面板的使用方法。
　　为帧、按钮、影片剪辑添加动作。
　　简单的交互动画制作。
　　什么是交互动画？什么是"交互"？Animate CC 2020 中的交互就是指人与计算机之间的对话，人发出命令，计算机执行操作，即人的动作触发计算机响应的过程，交互性是动画与观众之间的纽带。在 Animate CC 2020 中，制作的动画有交互性特点，交互动画是指在作品播放过程中，支持事件响应和交互功能的一种动画。简单来说，就是在动画播放时，能受到某种控制，并非像普通动画那样从头到尾进行播放，这种控制可以是播放者的操作，如可以进行停止、退出、跳转及网页链接等操作。在设计动画时，通过使用 ActionScript 语言编写脚本语句，可以实现这些特殊功能。

5.1　交互动画三要素

　　在 Animate CC 2020 中，交互功能是由触发动作的事件、事件触发的动作和目标组成的，即用于在事件中对某个对象执行相应的动作。

5.1.1　事件

　　事件可分为帧事件和用户触发事件。当动画播放到某个时刻时，帧事件会自动触发，用户触发事件是基于动作的，如鼠标事件、键盘事件等。

下面介绍常用的用户触发事件。

1. 鼠标事件（Mouse Event）

Mouse Event 类定义了如下 10 种常见的鼠标事件。

CLICK：定义鼠标单击事件。

DOUBLE_CLICK：定义鼠标双击事件。

MOUSE_DOWN：定义鼠标按下事件。

MOUSE_MOVE：定义鼠标移动事件

MOUSE_OUT：定义鼠标移出事件。

MOUSE_OVER：定义鼠标移过事件。

MOUSE_UP：定义鼠标按键弹起事件。

MOUSE_WHEEL：定义鼠标滚轴滚动触发事件。

ROLL_OUT：定义鼠标滑出事件。

ROLL_OVER：定义鼠标滑入事件。

2. 键盘事件（Keyboard Event）

在处理键盘操作事件时使用以下两种类型的键盘事件。

KeyboardEvent.KEY_DOWN：定义按下键盘时的事件。

Keyboard Event. KEY_UP：定义松开键盘时的事件。

3. 帧事件（ENTER_ FRAME）

与鼠标、键盘事件类似，时间线可以触发帧事件，这是因为帧事件与帧相连，并总是触发某个动作（也称为帧动作）。

5.1.2 动作

动作是使用 ActionScript 语言编写的命令集，用于引导影片或外部应用程序执行任务。一个事件可以触发多个动作，且多个动作可以在不同的目标上同时执行。动作可以相互独立地运行，如指示影片停止播放也可以在一个动作内使用另一个动作，如先按下鼠标，再执行拖曳动作，从而将动作嵌套起来，使动作之间可以相互影响。动作用于控制动画播放过程中对应的程序流程和播放状态。

在 Animate CC 2020 中使用动作时，普通人员也可以使用动作脚本编写界面（即"动作"面板），如图 5-1 所示。

下面介绍常用的动作语句。

Stop()语句：用于停止当前播放的影片，常见的应用是使用按钮控制影片剪辑。

gotoAndPlay()语句：跳转并播放，跳转到指定的场景或帧，并从该帧开始播放；若没有指定的场景，则会自动跳转到当前场景中的指定帧。

stopAllSounds 语句：用于停止当前正在播放的所有声音，并不影响动画的视觉效果。

图 5-1

5.1.3 目标

事件控制的三个主要目标包括当前影片及其时间轴（相对目标）、其他影片及其时间轴（传达目标）和外部应用程序（外部目标）。

5.2 "动作"面板

在 Anmate CC 2020 中，动作脚本语言是在"动作"面板中进行编写的，依次执行"窗口"→"动作"命令，可以打开"动作"面板，如图 5-2 所示。

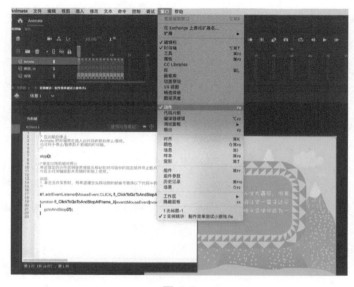

图 5-2

5.2.1 "动作"面板各区域应用

工具栏（见图 5-3）：在"动作"面板右上方的工具栏中，从左至右分别为"固定脚本""插入实例路径和名称""查找""设置代码格式""代码片断""帮助"按钮。

图 5-3

例如，单击"代码片断"按钮，在打开的如图 5-4 所示的面板中可使用代码库。

图 5-4

脚本导航器（见图 5-5）：位于"动作"面板的左侧，显示当前对象的具体信息，如名称、位置等。在脚本导航器中，选中某个选项后，脚本窗口中将显示相关联的脚本语言。

图 5-5

脚本窗口（见图 5-6）：是指输入代码的区域。用户可以直接在该区域编辑动作、删除动作或输入动作。

图 5-6

5.2.2 "代码片断"面板各区域应用

"代码片断"面板把一个功能的代码用模板的形式集合在一起，使非专业编程人员能够轻松、便捷、简单地使用 ActionScript 3.0。借助"代码片断"面板将 ActionScript 3.0 代码添加至 fla 文件以启用交互功能，可以快速了解代码结构和词汇。

若在 fla 文件中添加代码，则执行以下操作。

（1）在时间轴中，选择要添加代码片断的帧或者直接选择舞台上的对象，将其转变为元件，并创建实例名称。若选择的对象不是元件实例，则在应用代码片断时，Animate CC 2020 会将该对象转换为影片剪辑，并创建实例名称。

（2）选择"窗口"→"代码片断"菜单命令，或单击"动作"面板的右上角工具栏"代码片断"按钮，打开"代码片断"面板，如图 5-7 所示。

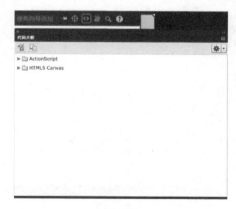

图 5-7

（3）双击要应用的代码片断，即可将相应的代码添加至脚本窗口中，如图 5-8 所示。

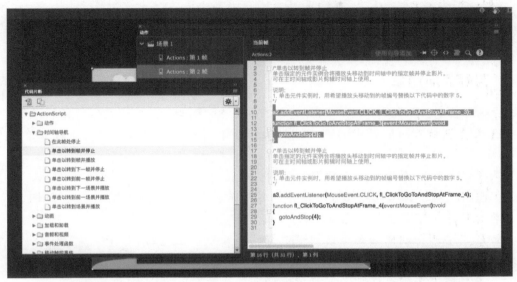

图 5-8

在应用代码片断时，将代码添加到 Actions 图层的当前帧，若没有创建 Actions 图层，Animate CC 2020 将会自动在时间轴的顶层创建一个名为 Actions 的图层，如图 5-9 所示。

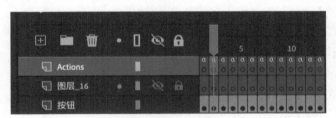

图 5-9

（4）若要删除代码片断，则可以在"代码片断"面板中选中该片断并右击，然后从弹出的快捷菜单中选择"删除代码片断"命令，如图 5-10 所示。

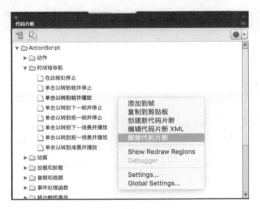

图 5-10

5.3 添 加 动 作

5.3.1 为帧添加动作

在 Animate CC 2020 中，用户可以使用"动作"面板为帧、按钮及影片剪辑添加动作。若要使影片在播放到时间轴中的某一帧时执行某个动作，则可以为该关键帧添加一个动作。

使用"动作"面板为帧添加动作的步骤如下。

（1）在时间轴中，选择需要添加动作的关键帧，若要添加的动作不是关键帧，则添加的动作将会被添加给之前的一个关键帧。

（2）在"动作"面板的脚本窗口中，根据需要编辑输入的动作语句。

图 5-11

（3）重复以上步骤，直到添加完全部的动作。在时间轴中添加了动作的关键帧会显示字母"a"，如图 5-11 所示。

5.3.2 为按钮添加动作

在影片中，可以为按钮添加动作，使其在鼠标单击或者滑过该按钮时让影片执行某个动作。在 Animate CC 2020 中，为按钮添加动作的方法与为帧添加动作的方法相同，用户将动作添加给按钮元件其中的一个实例，而该元件的其他实例将不会受到影响。但是为按钮添加动作时，必须为该按钮创建一个实例名称，并添加触发该动作的鼠标或键盘事件，如图 5-12 所示。

图 5-12

5.3.3 为影片剪辑添加动作

在影片剪辑加载或者接收到数据时，通过为影片剪辑添加动作，使影片执行动作。用户必须将动作添加给影片剪辑的一个实例，而元件的其他实例不受影响。在 Animate CC 2020 中，为影片剪辑添加动作的操作与为按钮添加动作的方法相同，都需先为影片剪辑实例指定一个实例名称。

5.4 使用"代码片断"面板创建交互操作

"代码片断"面板提供了一些常用的 ActionScrip 代码，可以给动画添加简单的交互动画效果。

5.4.1 跳到某一帧或场景

若要使影片跳转到某一特定帧或场景，则可以使用 goto 动作，goto 动作分为 gotoAndPlay 和 gotoAndStop，用户可以指定影片跳转到某一帧开始播放或停止。

使影片跳转到某一帧或场景的操作步骤如下。

（1）选中要指定动作的按钮实例或影片剪辑实例，并为对象指定实例名称。

（2）选择"窗口"→"动作"命令，打开"动作"面板。

（3）选择"窗口"→"代码片断"命令，打开"代码片断"面板。

（4）在"代码片断"面板中，展开"时间轴导航"类别，然后双击"单击以转到帧并播放"选项。此时，"时间轴"面板顶层将自动添加一个名为"Actions"的图层，脚本窗口出现如图 5-13 所示的代码。

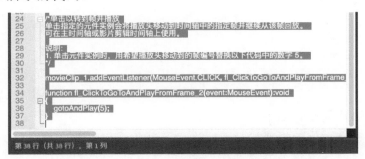

图 5-13

其中，"movie Clip_1"为选中的影片剪辑的实例名称，"gotoAndPlay(5)"表示跳转到当前场景的第 5 帧并从该帧开始播放。用户可以根据实际需要修改参数。

（5）若要在跳转后停止播放影片，则可以在"代码片断"面板中，展开"时间轴导航"类别，然后双击"单击以转到帧并停止"选项。用户可以在"动作"面板中的脚本窗口中看到类似"gotoAndStop(5)"代码。

（6）若要再跳转到前一帧或者下一帧，则可以使用 prevFrame()或 nextFrame()，如图 5-14 所示。

```
41
42
43    movieClip_1.addEventListener(MouseEvent.CLICK, fl_ClickToGoToNextFrame);
44
45    function fl_ClickToGoToNextFrame(event:MouseEvent):void
46    {
47        nextFrame();
48    }
49
```

图 5-14

（7）若要跳转到指定场景，则可以在"时间轴导航"类别中双击"单击以转到场景并播"选项，用户可以在"动作"面板中的脚本窗口中看到以下代码，如图 5-15 所示。

图 5-15

其中，"gotoAndPlay(1,"场景 3")"表示跳转到"场景 3"的第 1 帧开始播放，用户可以根据实际需要修改参数。

（8）若要再跳转到前一场景或者下一场景，则可以使用"prevScence()"或"nextScence()"代码，如图 5-16 所示。

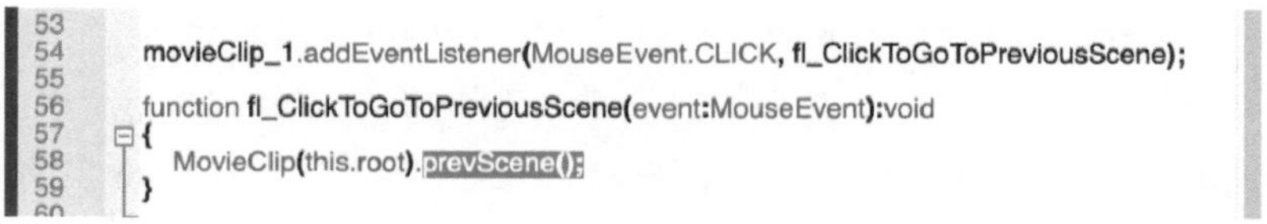

图 5-16

5.4.2 播放和停止

在 Animate CC 2020 中，用户可以通过使用"play"和"stop"动作来开始或停止播放影片。

播放或停止影片的操作如下。

（1）选择要指定动作的帧或影片剪辑实例，并为实例创建实例名称。

（2）执行"窗口"菜单中的"动作"命令，打开"动作"面板。

（3）打开"代码片断"面板，在"动作"类别中双击"播放影片剪辑"选项，在"动作"面板中，可以看到以下代码，如图 5-17 所示。

图 5-17

其中，"movieClip_1"为实例名称。

（4）在"动作"类别中，双击"停止影片剪辑"选项，在"动作"面板中可以看到如图 5-18 所示的代码 movieClip_1. stop();。

```
/* 停止影片剪辑
停止舞台上的指定影片剪辑。

说明:
1. 将此代码用于当前正在播放的影片剪辑。
*/

movieClip_1.stop();
```

图 5-18

(5)若要将动作附加到某一帧上，则可以直接在脚本窗口中输入代码:play();或 stop();。

5.4.3 跳到不同的 URL

若要在浏览器窗口中打开网页，或将数据传递到指定 URL（Uniform Resouvce Locator，统一资源定位器）处的另一个应用程序，则可以使用“navigateToURL”命令。

（1）在以下步骤中，请求的文件必须位于指定的位置，并且绝对 URL 必须有一个网络链接。

① 选择要指定动作的帧、按钮实例或影片剪辑实例，并为实例创建实例名称。

② 执行“窗口”菜单中的“动作”命令，打开“动作”面板，在工具栏单击“代码片断”，在“动作”类别中双击“单击以转到 Web 页”选项，在脚本窗口中可以看到以下代码，如图 5-19 所示。

```
/* 单击以转到 Web 页
单击指定的元件实例会在新浏览器窗口中加载 URL。

说明:
1. 用所需 URL 地址替换 http://www.adobe.com。
保留引号 ("")。
*/

movieClip_1.addEventListener(MouseEvent.CLICK, fl_ClickToGoToWebPage);

function fl_ClickToGoToWebPage(event:MouseEvent):void
{
    navigateToURL(new URLRequest("http://www.adobe.com"), "_blank");
}
```

图 5-19

其中，“movieClip_1”为实例名称，“_blank”用于指定在其中加载文档的窗口或 HTML 帧的方式，上述代码表示单击名为“movieClip_1”的元件实例，在新窗口中加载“http://www.adobe.com”。

(2)在指定 URL 时，可以使用相对路径(如 ourpages，html)或绝对路径(如 ourpages，Html，http://www.baidu.com/index.html)。

相对路径可以描述一个文件相对于另一个文件的位置，它通知 Flash 从发出“navigateToURL”指令的位置向上或向下移动嵌套文件和文件夹的层次。

绝对路径就是指定文件所在服务器的名称、路径（目录、卷、文件夹等的嵌套层次）和文件本身名称的完整地址。

对于“窗口”来说，可从如下参数值中选择。

Self：指定当前窗口中的当前帧。

Blank：指定一个新窗口。

Parent：指定当前帧的父级。

Top：指定当前窗口中的顶级帧。

此外，还可以输入特定窗口或帧的名称，就如同在 HTML 文件中命名它一样。

5.5　实例精讲：制作测试小游戏

步骤 1：打开 Animate CC 2020 软件，首先选择创建一个新的标准空白文档，如图 5-20 所示。查看相关教学视频请扫描二维码。

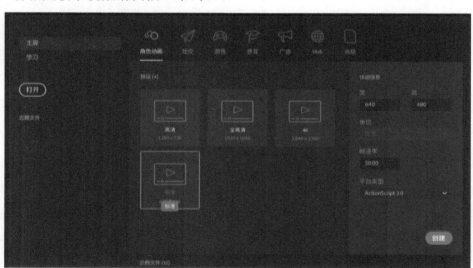

图 5-20

步骤 2：在图层_1 中插入 13 个空白关键帧，如图 5-21 所示。

图 5-21

步骤 3：新建两个图层，在图层_2 中导入对话框素材，在图层_3 中导入背景素材，如图 5-22 所示。

图 5-22

步骤 4：使用文本工具在每个帧的图层_1 中都输入不同的题目，如图 5-23 所示。查看测试小游戏题目请扫描二维码。

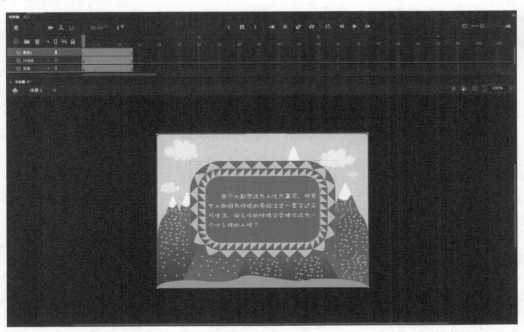

图 5-23

步骤 5：选中文本框中的文字，然后对字体的样式进行调整，如图 5-24 所示。

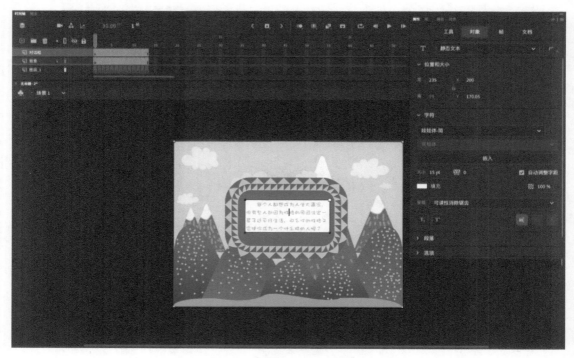

图 5-24

步骤 6：接下来，创建按钮来连接整个游戏，首先把每道题目都写在图层_1 的关键帧上，如图 5-25 所示。

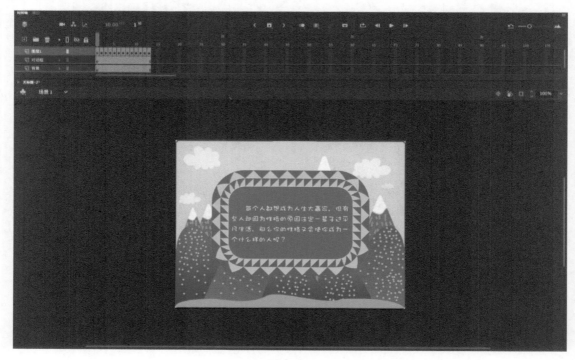

图 5-25

步骤 7：使用"矩形工具"绘制一个长方形并选中，按 F8 功能键，将其转换为"按钮元件"，并将其制作成一个按钮，如图 5-26 所示。

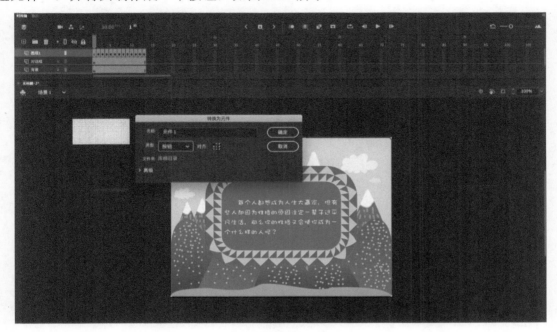

图 5-26

步骤 8：在按钮的"属性"面板中，设置实例名称为"a1"，以便用代码关联该名称，如图 5-27 所示。

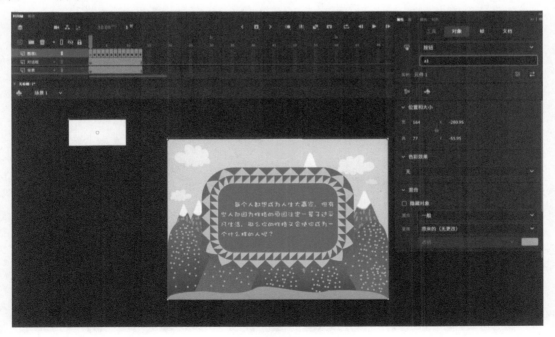

图 5-27

步骤 9：新建图层并将其命名为"按钮"，然后把每帧都设置成关键帧，确保该图层一直保持在最上层，如图 5-28 所示。

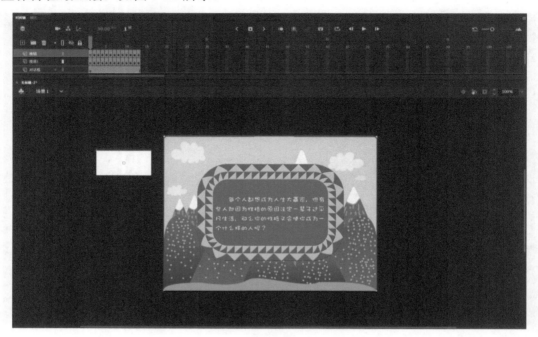

图 5-28

步骤 10：然后将按钮剪切到该图层，在第 1 帧选中按钮并放大至全屏大小，单击屏幕任意区域都可以跳转到下一帧，如图 5-29 所示。

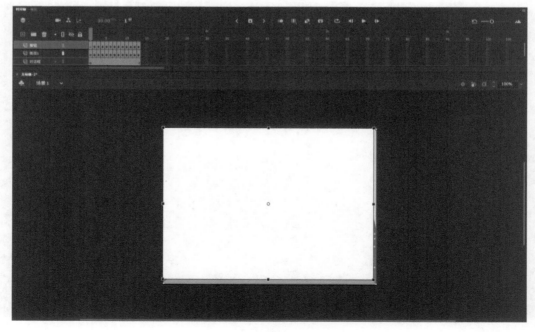

图 5-29

步骤 11：新建图层，同样在每帧都创建关键帧，在菜单栏中依次选择"窗口"→"动作"命令，如图 5-30 所示。

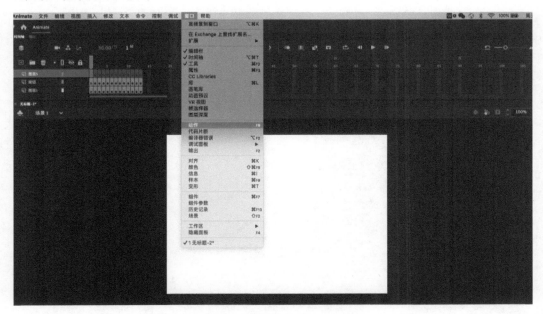

图 5-30

步骤 12：打开"动作"面板，选中按钮图层的第 1 帧，在脚本工具栏中选择"代码片断"，依次单击"ActionScript"→"时间轴导航"→"在此帧处停止"命令，如图 5-31 所示。

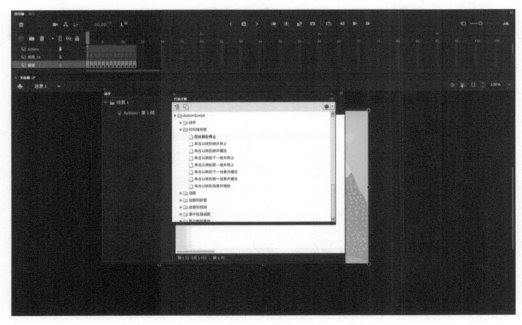

图 5-31

步骤 13：继续选中按钮图层的第 1 帧，在脚本工具栏中选择"代码片断"，依次单击"ActionScript"→"时间轴导航"→"单击以转到帧并停止"选项，更改代码"gotoAndStop(5)>gotoAndStop(2)"，表示单击按钮 a1 会跳转到第 2 帧，如图 5-32 所示。

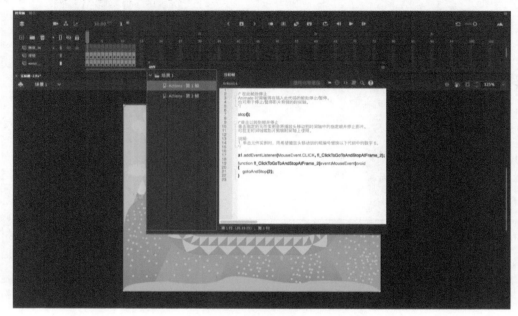

图 5-32

步骤 14：选中按钮图层的第 2 帧，将按钮缩小至选项大小，并复制一个按钮，如图 5-33 所示。

图 5-33

步骤15：选中按钮图层的第 2 帧，选中"A 选项"按钮，在"属性"面板中改变其实例名称为"a2"，如图 5-34 所示。

图 5-34

步骤16：选中按钮图层的第 2 帧，选中"A 选项"按钮，在脚本工具栏中选择"代码片断"，依次单击"ActionScript"→"时间轴导航"→"单击以转到帧并停止"命令，更改代码"gotoAndStop(5)>gotoAndStop(3)"，表示单击按钮会跳转至第 2 题，如图 5-35 所示。

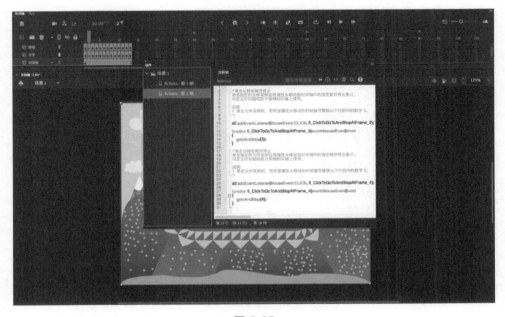

图 5-35

步骤 17：选中按钮图层的第 2 帧，选中"B 选项"按钮，在"属性"面板中改变其实例名称为"a3"，如图 5-36 所示。

图 5-36

步骤 18：选中按钮图层的第 2 帧，选中"B 选项"按钮，在脚本工具栏中选择"代码片断"，依次单击"ActionScript"→"时间轴导航"→"单击以转到帧并停止"选项，更改代码"gotoAndStop(5)>gotoAndStop(4)"，表示单击按钮会跳转至第 3 题，如图 5-37所示。

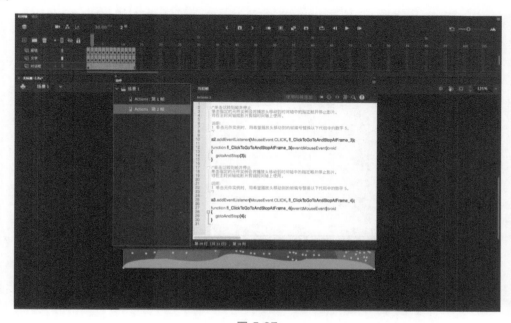

图 5-37

步骤19：改变按钮图层第3帧按钮的大小，并复制一个按钮，分别放至A、B选项处，并在"属性"面板中改变其实例名称为"a4"和"a5"，如图5-38所示。

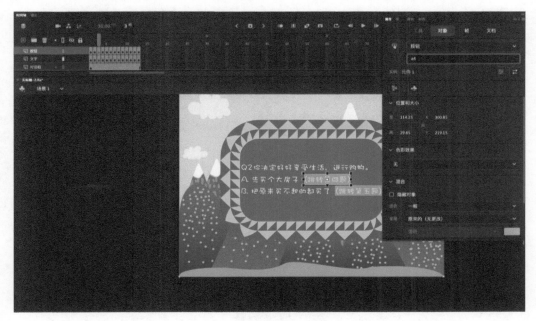

图 5-38

步骤20：选中按钮图层的第3帧，选中"A选项"按钮，在脚本工具栏中选择"代码片断"，依次单击"ActionScript"→"时间轴导航"→"单击以转到帧并停止"选项，表示单击按钮会跳转至第4题，如图5-39所示。

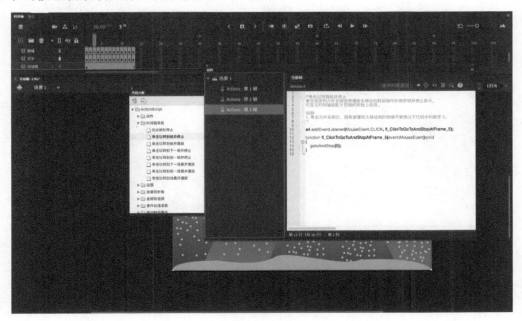

图 5-39

步骤 21：选中按钮图层的第 3 帧，选中"B 选项"按钮，在脚本工具栏中选择"代码片断"，依次单击"ActionScript"→"时间轴导航"→"单击以转到帧并停止"选项，更改代码"gotoAndStop(5)>gotoAndStop(6)"，表示单击按钮会跳转至第 5 题，如图 5-40 所示。

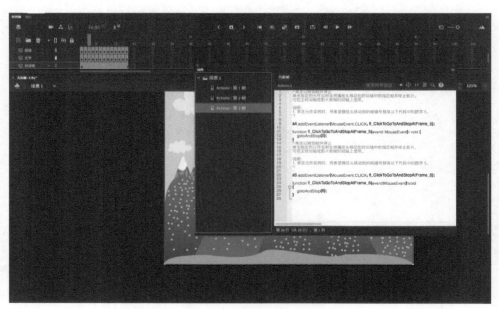

图 5-40

步骤 22：改变按钮图层第 4 帧按钮的大小，并复制一个按钮，分别放至 A、B 选项处，并在"属性"面板中改变其实例名称为"a6"和"a7"，如图 5-41 所示。

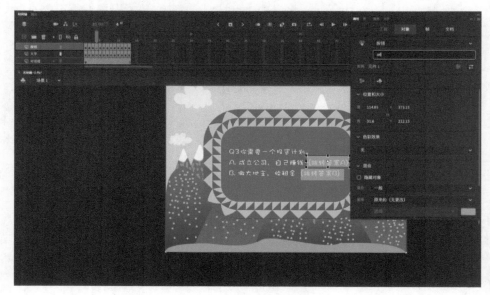

图 5-41

步骤 23：选中按钮图层的第 4 帧，选中"A 选项"按钮，在脚本工具栏中选择"代码片断"，依次单击"ActionScript"→"时间轴导航"→"单击以转到帧并停止"选项，更改代码"gotoAndStop(5)>gotoAndStop(7)"，表示单击按钮会跳转至 A 答案，如图 5-42 所示。

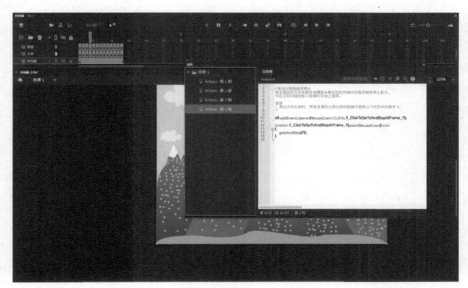

图 5-42

步骤 24：选中按钮图层的第 4 帧，选中"B 选项"按钮，在脚本工具栏中选择"代码片断"，依次单击"ActionScript"→"时间轴导航"→"单击以转到帧并停止"选项，更改代码"gotoAndStop(5)>gotoAndStop(8)"，表示单击按钮会跳转至 B 答案，如图 5-43 所示。

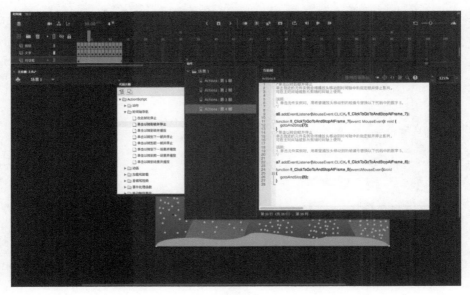

图 5-43

步骤 25：改变按钮图层第 5 帧按钮的大小，并复制一个按钮；分别放至 A、B 选项处，并在"属性"面板中改变其实例名称为"a8"和"a9"，如图 5-44 所示。

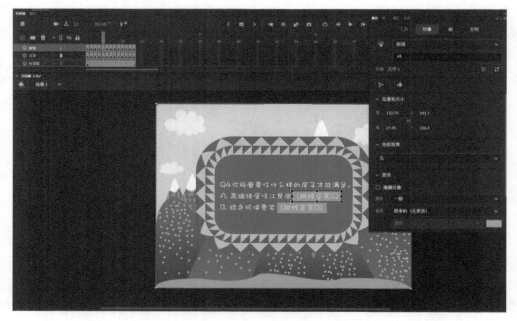

图 5-44

步骤 26：选中按钮图层的第 5 帧，选中"A 选项"按钮，在脚本工具栏中选择"代码片断"，依次单击"ActionScript"→"时间轴导航"→"单击以转到帧并停止"选项，更改代码"gotoAndStop(5)>gotoAndStop(9)"，表示单击按钮会跳转至 C 答案，如图 5-45 所示。

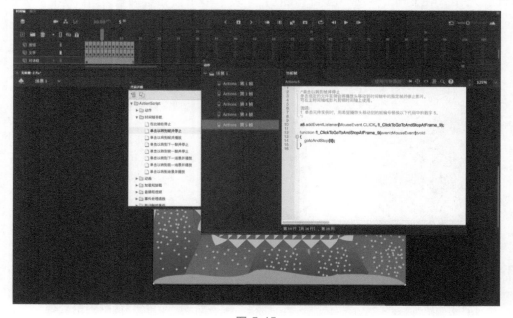

图 5-45

步骤 27：选中按钮图层的第 5 帧，选中"B 选项"按钮，在脚本工具栏中选择"代码片断"，依次单击"ActionScript"→"时间轴导航"→"单击以转到帧并停止"选项，更改代码"gotoAndStop(5)>gotoAndStop(10)"，表示单击按钮会跳转至 D 答案，如图 5-46 所示。

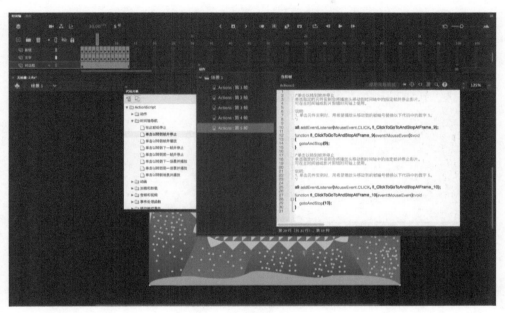

图 5-46

步骤 28：改变按钮图层第 6 帧按钮的大小，并复制一个按钮；分别放至 A、B 选项处，并在"属性"面板中改变其实例名称为"a10"和"a11"，如图 5-47 所示。

图 5-47

步骤 29：选中按钮图层的第 6 帧，选中"A 选项"按钮，在脚本工具栏中选择"代码片断"，依次单击"ActionScript"→"时间轴导航"→"单击以转到帧并停止"选项，更改代码"gotoAndStop(5)>gotoAndStop(11)"，表示单击按钮会跳转至 E 答案，如图 5-48 所示。

图 5-48

步骤 30：选中按钮图层的第 6 帧，选中"B 选项"按钮，在脚本工具栏中选择"代码片断"，单击"ActionScript"→"时间轴导航"→"单击以转到帧并停止"选项，更改代码"gotoAndStop(5)>gotoAndStop(12)"，表示单击按钮会跳转至 F 答案，如图 5-49 所示。

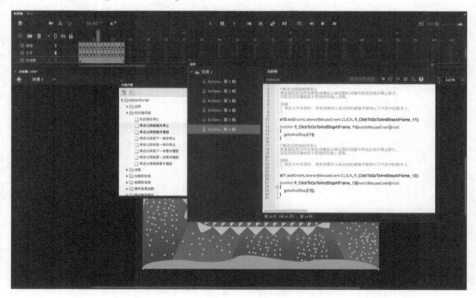

图 5-49

步骤 31：选中按钮图层的第 7 帧，在"属性"面板中改变其实例名称为"a12"，如图 5-50 所示。

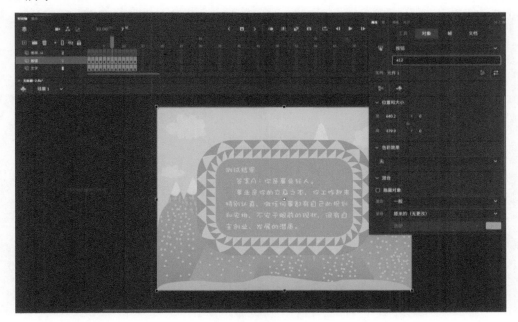

图 5-50

步骤 32：选中按钮图层的第 7 帧，在脚本工具栏中选择"代码片断"，依次单击"ActionScript"→"时间轴导航"→"单击以转到帧并停止"选项，更改代码"gotoAndStop(5)>gotoAndStop(13)"，表示单击按钮会跳转至最后并完成测试，如图 5-51 所示。

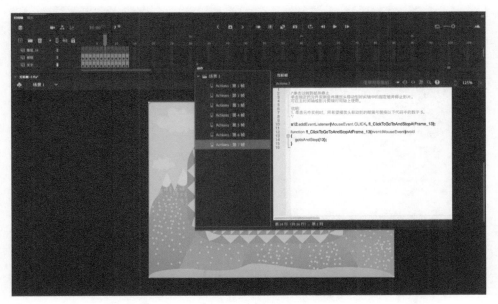

图 5-51

步骤 33：选中按钮图层的第 8 帧，在"属性"面板中改变其实例名称为"a13"，如图 5-52 所示。

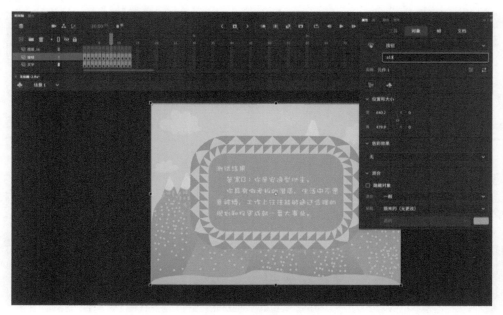

图 5-52

步骤 34：选中按钮图层的第 8 帧，在脚本工具栏中选择"代码片断"，依次单击"ActionScript"→"时间轴导航"→"单击以转到帧并停止"选项，更改代码"gotoAndStop(5)>gotoAndStop(14)"，表示单击按钮会跳转至最后并完成测试，如图 5-53 所示。

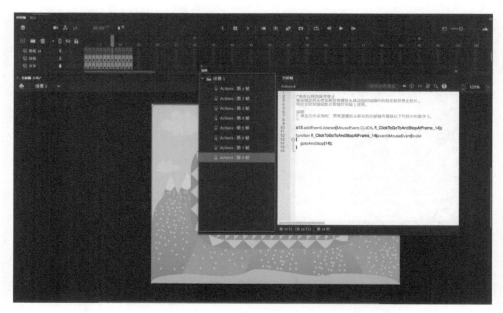

图 5-53

步骤 35：选中按钮图层的第 9 帧，在"属性"面板中改变其实例名称为"a14"，如图 5-54 所示。

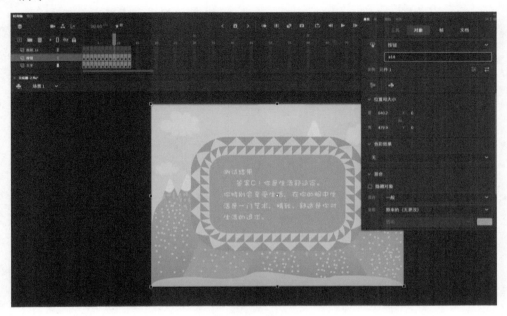

图 5-54

步骤 36：选中按钮图层的第 9 帧，在脚本工具栏中选择"代码片断"，依次单击"ActionScript"→"时间轴导航"→"单击以转到帧并停止"选项，更改代码"gotoAndStop(5)>gotoAndStop(15)"，表示单击按钮会跳转至最后并完成测试，如图 5-55 所示。

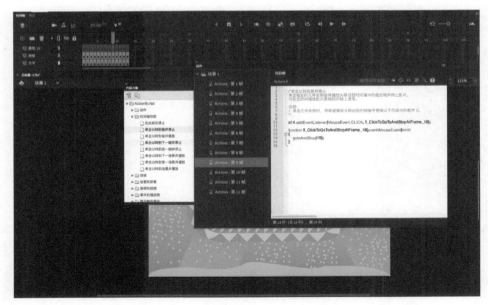

图 5-55

步骤 37：选中按钮图层的第 10 帧，在"属性"面板中改变其实例名称为"a15"，如图 5-56 所示。

图 5-56

步骤 38：选中按钮图层的第 10 帧，在脚本工具栏中选择"代码片断"，依次单击" ActionScript "→"时间轴导航 "→"单击以转到帧并停止"选项，更改代码"gotoAndStop(5)>gotoAndStop(16)"，表示单击按钮会跳转至最后并完成测试，如图 5-57 所示。

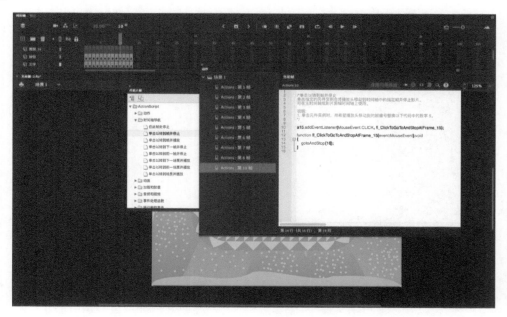

图 5-57

步骤 39：选中按钮图层的第 11 帧，在"属性"面板中改变其实例名称为"a16"，如图 5-58 所示。

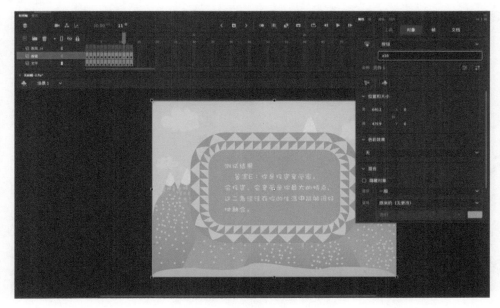

图 5-58

步骤 40：选中按钮图层的第 11 帧，在脚本工具栏中选择"代码片断"，依次单击"ActionScript"→"时间轴导航"→"单击以转到帧并停止"选项，更改代码"gotoAndStop(5)>gotoAndStop(17)"，表示单击按钮会跳转至最后并完成测试，如图 5-59 所示。

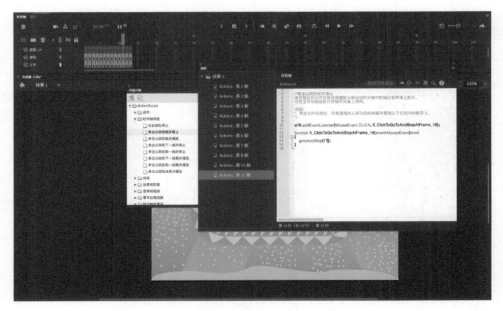

图 5-59

步骤 41：选中按钮图层的第 12 帧，在"属性"面板中改变其实例名称为"a17"，如图 5-60 所示。

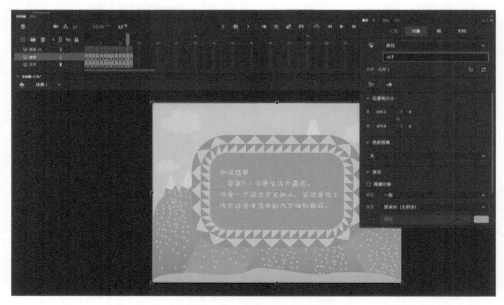

图 5-60

步骤 42：选中按钮图层第 12 帧，在脚本工具栏选择"代码片断"，依次单击"ActionScript"→"时间轴导航"→"单击以转到帧并停止"选项，更改代码"gotoAndStop(5)>gotoAndStop(18)"，表示单击按钮会跳转至最后并完成测试，如图 5-61、图 5-62 所示。

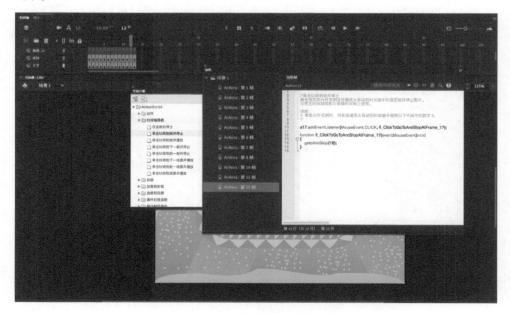

图 5-61

图 5-62

第 6 章

ActionScript 3.0
语言解析与实例创作

✍️ 本章导读

本章将讲解 ActionScript 3.0 基础语法和应用实例，内容包括 ActionScript 3.0 的特点、语法结构、函数的定义与调用、事件处理机制、常用事件实例及实例创作。

✍️ 学习要点

ActionScript 3.0 基本语法。

函数的定义与调用。

事件处理机制及常用事件实例。

6.1 ActionScript 3.0 介绍

ActionScript 简称为 AS，是 Animate CC 2020 内置的动作脚本语言，它能大大提高影片的交互性，实现人机交互、数据处理、动画特效等功能。ActionScript 是由 Macromedia（现已被 Adobe 收购）为其 Flash 产品开发的。ActionScript 1.0 最早应用于 Flash 5 中，用于简单的交互脚本编写。由于其不够灵活，运行速度慢，无法实现面向对象的程序设计等原因，在 Flash 7（MX 2004）版本中对 ActionScript 进行了升级，故 ActionScript 1.0 被 ActionScript 2.0 替代。ActionScript 2.0 增加了强类型和面向对象特征，如显示类声明、继承、接口和严格数据类型。但 ActionScript 2.0 的核心解释机制仍然是 ActionScript 1.0，直到 Adobe Flash CS3 推出 ActionScript 3.0，ActionScript 3.0 才真正成为一种完全面向对象的编程语言。

6.1.1 ActionScript 3.0 简介

ActionScript 3.0 既继承了 ActionScript 2.0 版本的强类型，又使开发过程更加简化、灵活，性能更加出色、高效，因此更适合复杂的网页制作、大型的数据处理和互动游戏等应用程序的开发。ActionScript 3.0 引入了一个新的高度优化的 ActionScript Virtual Machine（AVM2），这是 ActionScript 3.0 与其旧版本的本质区别。与 AVM1 相比，AVM2 的性能有了显著提高，这使代码的执行速度几乎比以前的 ActionScript 代码快了 10 倍。ActionScript 3.0 符合 ECMAScript 第 4 版规范，是一门功能强大、符合业界标准的面向对象编程的（Object Oriented Programming，OOP）语言。

　　ActionScript 3.0 有两种特性：语言特性和 Flash Player API 特性。语言特性基本上是在 ActionScript 2.0 上构建的，但是还有一些性能和功能方面的改进，包括许多运行时的异常，用来改进常见的错误处理和调试。ActionScript 3.0 的 Flash Player API 特性包括：flash.text 包提供与文本相关的所有 API；Socket 通信类实现服务器套接字端口；DOM3 事件模型实现生成和处理事件的标准模式；URLLoader 类实现数据驱动应用程序中装载文本和二进制数据的单独机制。

　　最初在 Flash 中引入 ActionScript，其目的是控制 Flash 影片的播放。而 ActionScript 发展到今天，已经广泛应用到了多个领域，能够实现丰富的应用功能。Animate CC 2020 的脚本语言是 ActionScript 3.0，其通过与 ActionScript 3.0 结合创建各种不同的应用特效，实现丰富多彩的动画效果，使其创建的动画更加生动，更具有弹性效果。

6.1.2　ActionScript 3.0 中相关基本术语

　　下面介绍在使用 ActionScript 创作时，常用的相关基本术语。其中动作和事件已在第 5 章中介绍过，此处不再赘述。

　　（1）对象：是指属性和方法的集合。每个对象都有其各自的名称，并且都是特定类的实例。内置对象是在动作脚本语言中预先定义的。例如，内置的 Date 对象可以提供系统时钟的信息。

　　（2）数据类型：是指描述变量或动作脚本元素可以包含信息的种类，动作脚本数据类型包括字符串、数字、布尔值、对象、影片剪辑、函数、空值和未定义。

　　（3）类：是指一系列相互之间有联系的数据的集合，用来定义新的对象类型。

　　（4）布尔值：包括 true 和 false 两个值。

　　（5）常数：是指值不变的元素。

　　（6）变量：是指可更新数据值的标识符。可以创建、更改和更新变量。

　　（7）表达式：是指表示值的动作脚本元件的组合。表达式一般由运算符和操作数组成。例如，在表达式 x+2 中，x 和 2 是操作数，而+是运算符。

　　（8）函数：是指可以向其传递参数并能够返回值的可重复使用的代码块。

　　（9）实例：属于某个对象。类的每个实例均包含该类的所有属性和方法。例如，所有影片剪辑都是 movieClip 类的实例，因此可以将 movieClip 类的任何方法或属性用于影片剪辑实例。

　　（10）实例名称：是指脚本中用来表示影片剪辑实例和按钮实例的唯一名称。可以使用"属性"面板为舞台上的实例指定实例名称。

　　（11）关键字：是指有特殊含义的保留字。例如，var 是用于声明本地变量的关键字。注意，不能使用关键字作为标识符，如 var 不是合法的变量名。

6.1.3 第一个 ActionScript 3.0 代码

Animate CC 2020 中有以下两种写入 ActionScript 3.0 脚本的方法。

（1）在时间轴的关键帧加入 ActionScript 3.0 代码。

（2）在外部写出单独的 ActionScript 3.0 类文件，然后再绑定或者导入到 fla 文件中。

本文代码以第（1）种书写方式为主。下面我们就来书写第一个 ActionScript 3.0 代码。主要操作步骤如下。

（1）打开 Animate CC 2020，新建文档，在新建文档的"详细信息"选项的"平台类型"中选择默认的"ActionScript 3.0"，其他参数保持默认，如图 6-1 所示。

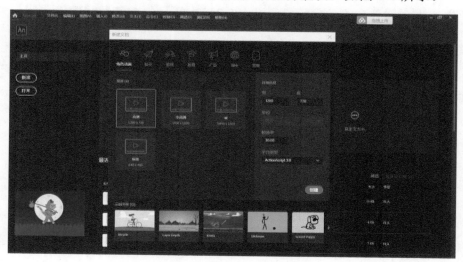

图 6-1

（2）选择"窗口"→"动作"命令，调出"动作"面板，如图 6-2 所示。

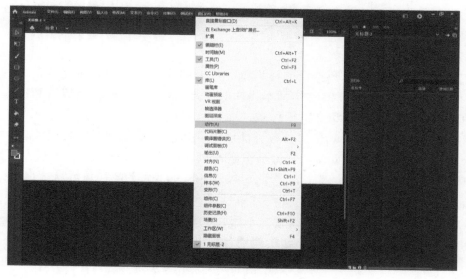

图 6-2

（3）将图层名称改为"AS"，并选择第 1 帧作为关键帧，打开"动作"面板并添加如如图 6-3 所示的代码。

```
trace("AS3.0 欢迎你！"); //输出"AS3.0 欢迎你！"
```

图 6-3

（4）按 Ctrl+S 快捷键将代码保存为文件，其名称为"第一个 AS3 代码"，然后按 Ctrl+Enter 快捷键测试影片，如图 6-4 所示。

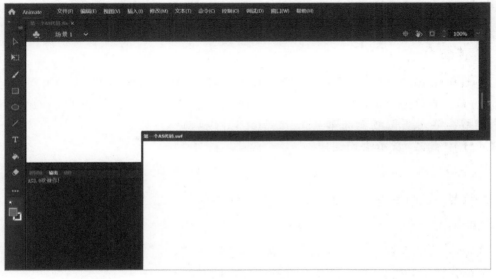

图 6-4

6.2 ActionScript 3.0 的语法

任何一门编程语言在编写代码时都必须遵循一定的规则，这个规则就是语法。本节将通过测试代码和简单实例，介绍 ActionScript 3.0 中的基本语法、变量、数据类型、运算符、表达式，以及流程控制的三种形式。

6.2.1 基本语法

本节将着重介绍点语法和编程常用的标点符号，了解保留字和关键字，以及程序注释的使用方法。

1. 点语法

ActionScript 3.0 中使用点运算符（.）来访问对象的属性和方法，点运算符主要用于以下 3 个方面。

（1）可以采用对象后紧跟点运算符的属性名称（方法）来引用对象的属性（方法）。

① 对象.属性。

```
myClip.x = 5;
```

② 对象.方法。

```
myStart.onRelaese();
```

（2）可以使用点运算符描述显示对象的路径。

```
_root.xuanzhuan.weiyi;
```

（3）点运算符表示包路径。

```
import fl.geom.point;
```

2. 标点符号

在 ActionScript 3.0 中有多种标点符号都很常用，分别为分号（;）、逗号（,）、冒号（:）、圆括号（()）、方括号（[]）和花括号（{}）。这些标点符号都有各自不同的作用，用于定义数据类型、终止语句或者构建 ActionScript 3.0 代码块。

（1）分号（;）：表示语句结束。

```
stop();
```

（2）逗号（,）：主要用于分隔参数，如函数的参数、方法的参数等。

```
new Array(1,2,3);
```

（3)冒号（:）：主要用于为变量指定数据类型。若要为一个变量指定数据类型，则需要使用 var 关键字和语句末尾加冒号的方法为其指定。

```
var i:int=1;
```

（4）圆括号（()）：有以下 3 种用途。

① 在数学运算方面，可以用来改变表达式的运算顺序，圆括号内的数学表达式优先运算。

```
a=(i+1)*5;
```

② 在定义或调用函数时，把所有参数均放在()内。

```
function myArea (w:Number, h:Number):Number{
//函数体
}
myArea (5, 4);
```

③ 表示一个方法。

```
stop();
```

（5）方括号（[]）：主要用于数组的定义和访问。

```
var bar: Array=[2,3,4];
```

（6）花括号（{}）：主要用于程序控制、函数和类中。

```
function typeTest(){
//函数体
}
```

在构成控制结构的每个语句前后均需要添加花括号（如 if…else 或 for），即使该控制结构只包含一个语句，也要添加花括号。

```
for(var i:int; i=0; i++){
//动作脚本
}
```

3．注释

注释就是使用简单语句对动作脚本进行解释，注释语句并不参与脚本运行。注释有助于回忆编程过程，且有助于理解代码。ActionScript 3.0 中的注释语句有两种：单行注释和多行注释。单行注释以两个单斜杠（//）开始，之后的该行内容均为注释。多行注释以/*开始，以*/结束，其两者之间的内容均为注释。例如：

```
/*使用 break 控制循环
*/
```

说明：

以下代码分别执行循环变量从 0 递增到 10 的过程，若 i = 4，则分别执行 break 语句和 continue 语句，查看运行结果。

```
for (var i:int=0; i<10; i++) {
  if (i==4) {
```

```
            break;
          }
          trace("当前数字是:"+i);   //输出的是当前 i 的值
        }
```

4. 关键字和保留字

保留字是一些英文单词，因为这些英文单词是保留给 ActionScript 3.0 使用的，所以不能在代码中将它们用作标识符。保留字包括词汇关键字，编译器将词汇关键字从程序的命名空间中移除。若将词汇关键字用作标识符，则编译器会报告错误。以下列出了 ActionScript 3.0 的词汇关键字。

as，break，case，catch，class，const，continue，default，delete，do，else，extends，false，finally，for，function，if，implements，import，in，instanceof，interface，internal，is，native，new，null，package，private，protected，public，return，super，switch，this，throw，to，true，try，typeof，use，var，void，while，with。

有一组称为句法关键字的关键字，这些关键字可用作标识符，但是在某些上下文中具有特殊的含义。以下列出了 ActionScript 3.0 的句法关键字。

each，get，set，namespace，include，dynamic，final，native，override，static。

注意：在 ActionScript 3.0 中，关键字、变量和类名要区分英文字母大小写。例如，对象"myclip"与对象"myClip"是不同的两个影片剪辑。

```
        var myclip: MovieClip;
        var myClip: MovieClip;
```

6.2.2 变量与常量

变量与常量都是为了储存数据而创建的。变量与常量就像是一个容器，用于容纳各种不同类型的数据。ActionScript 3.0 在处理数据时，会按照变量名称访问内存单元的数据，若变量值发生改变，则数据就会改变。

1. 声明变量

在 ActionScript 3.0 中，使用 var 关键字来声明变量，具体方法如下。

```
        var 变量名:数据类型
        var i:int;
```

var+变量名+冒号+数据类型就是声明变量的基本格式。若要对一个变量赋一个初始值，则需要在数据类型后加上等号并输入相应的值，并且该值的类型必须与声明的数据类型一致。

```
        var 变量名:数据类型=值
        var i:int=1;
```

变量的数据类型可以是数值型、字符串型、布尔型、数组、影片剪辑或对象类型等。
注意：变量必须要先声明后调用，否则脚本会报错。

2．变量的命名规则

变量的命名首先要遵循以下 4 条规则。

（1）必须是一个标识符。

（2）第一个字符必须是英文字母、下画线（_）或美元记号（$）。其后的字符必须是英文字母、数字、下画线或美元记号。注意：不能使用数字作为变量名称的第一个字母。

（3）不能是关键字或动作脚本文本，如 true、false、null 或 undefined。特别不能使用 ActionScript 3.0 的保留字，否则脚本就会报错。

（4）在其范围内必须是唯一的，不能重复定义变量。

另外，还有一些约定俗成的命名规则。

（1）尽量使用有含义的英文单词作为变量名。

（2）变量名可以采用骆驼式命名法，即混合使用大小写英文字母来构成变量名或函数名。第一个英文单词的首字母小写，第二个英文单词首字母大写，如 myClip。另外，一般使用名词，或者形容词+名词的形式如 maxWidth，即最大宽度。

（3）变量名应尽量符合最小长度包含最大信息量的规则，即适当使用单词缩写，用最少的文字表示最准确的意思。

3．变量的作用域

变量的作用域是指该变量的可用性范围，通常变量按照其作用域的不同可以分为全局变量和局部变量。全局变量是指在函数或者类以外定义的变量，而在类或者函数内定义的变量为局部变量。

```
var i:int =1;  //全局变量，作用于时间轴
function myTest():void{
var c:int =2;  //在函数内声明的变量是局部变量，作用域在函数内
i = i+c;  //i 是全局变量，在函数外声明的变量同样可以使用
trace(i);
}
myTest();  //函数可以被调用
trace(c); //报错，c 是局部变量，作用域在 myTest 函数内，即只在函数内部可以使用
```

4．常量

常量是指具有无法改变的固定值的属性，如 Math.PI 是一个常量。可以将常量看成一种特殊的变量，只不过这种变量不能赋值，不能更改而已。ActionScript 3.0 使用 const 声明常量，语法格式和 var 声明的变量格式一样。

```
const 常量名:数据类型;
const 常量名:数据类型=值;
const g:Number=9.8;
```

6.2.3　数据类型

与其他面向对象的编程语言的数据类型一样，ActionScript 3.0 的数据类型也分为两

种，具体划分方式如下。

（1）基元型数据类型：Boolean、int、Number、String 和 uint。

（2）复杂型数据类型：Array、Date、Error、Function、RegExp、XML 和 XMLList。

基元型数据类型和复杂型数据类型的最大的区别是：前者是值对数据类型，而后者是引用数据类型。

值对数据类型可以直接储存数据，当使用它为另一个变量赋值后，若另一个变量改变，则不影响原变量的值。例如：

```
var int：a=10;
var int：b=a;
b=1;
trace(a);
trace(b);
```

引用数据类型指向要操作的对象，在另一个变量引用这个变量后，若另一个变量发生改变，则原有的变量也要随之发生改变，引用类型的常量也有这一特点。例如：

```
var a:Array = new Array(1,2,3);
var b:Array = a;    /*这是将 a 持有的引用赋值给 b，变量 a 与 b 持有相同的引用，都
指向 Array(1,2,3)这个内存单元数据*/
b[0]=4;   //当 b 发生改变时，该内存单元中的数据变为 Array(4,2,3)
trace(a);   /*由于变量 a 与 b 持有相同的引用，此时都指向内存单元中的数据
Array(4,2,3)，因此 a 的数据也改变了*/
trace(b);
```

注意：若数据类型能够使用 new 关键字创建，则该数据类型一定是引用数据类型变量。

6.2.4 运算符与表达式

运算符是指能够对变量和常量进行运算的关系符号，用于执行程序代码运算。运算符和运算对象（操作数）共同组成了表达式，类似于一种特殊的函数，运算对象是参数，表达式的值是返回值。运算符分为以下 3 种。

（1）一元运算符只运算一个值，如递增运算符++。

（2）二元运算符比较常见，ActionScript 3.0 中大部分运算符都是二元运算符。

（3）三元运算符具有 3 个操作数，如条件运算符具有 3 个操作数，如 for (i=0; i<10; i++)。

本节将介绍赋值运算符、算术运算符、逻辑运算符、关系运算符、字符串运算符这 5 类常用的运算符。

1. 赋值运算符

赋值运算符是最常用的运算符，有两个操作数，根据一个操作数的值对另一个操作数进行赋值操作。ActionScript 3.0 中的赋值运算符有 12 个，赋值运算符及对应的执行运算如表 6-1 所示。

表 6-1

赋值运算符	执行的运算	赋值运算符	执行的运算
=	赋值	&=	"与"并赋值
+=	相加并赋值	|=	"或"并赋值
_=	相减并赋值	^=	"异或"并赋值
*=	相乘并赋值	<<=	按位左移并赋值
/=	相除并赋值	>>=	按位右移并赋值
%=	求模并赋值	>>>=	按位填零并赋值

赋值运算符等号（=）的左边必须是一个已经声明的变量，不能是一个基元数据类型或未声明的引用数据类型。算术赋值运算符（+=、_=、*=、%=等）就是将算术运算和赋值运算相结合。例如：

```
var a:int = 1;   //等号左边必须是已经声明的变量
var b:int = 2;
a+=b;            //相当于 a=a+b；a 的结果为 3
```

2. 算术运算符

算术运算符共有 8 个，分别为加、减、乘、除、求模、求反、递加和递减。求模运算（%）就是除法取余数，也就是运算结果为余数。若求模运算的被除数与除数不是整数，则结果可能会是意外小数。求反运算（_）就是在运算对象前加一个负号。符合数学中"负负得正、正负得负"的原则。例如：

```
var a:int=2;
var b:int=3;
var c:int=a+b;   //加法运算，结果为 5
var d:int=a-b;   //减法运算，结果为 -1
var e:int=a*b;   //乘法运算，结果为 6
var f:int=a/b;    //除法运算并取整，结果为 1
var g:int=b/a;   //求模运算，结果为 1
var h:int=-a;    //求反运算，结果为 -2
```

递加运算符（++）和递减运算符（——）常用于循环计算过程中，对循环中的变量进行递加或者递减操作。例如：

```
var i:int=0;
i++;
trace(i) ;   //i++等价于 i=i+1，输出结果为 1
i--;
trace(i);    // i--等价于 i=i-1，输出结果为 0
```

算数运算符及对应的执行运算如表 6-2 所示。

表 6-2

算术运算符	执行的运算	算术运算符	执行的运算
+	加法	%	求模
−	减法	++	递增
*	乘法	−−	递减
/	除法		

3．逻辑运算符

逻辑运算符用于判断某个条件或表达式是否成立。逻辑运算符有 3 个，分别为逻辑与（&&）、逻辑或（||）和逻辑非（!）。逻辑运算符常用于逻辑运算中，运算的结果数据类型为布尔型，其值只能为 true 或者 false。

逻辑与（&&）和逻辑或（||）运算表达式要求左右两侧的表达式或者变量都必须是布尔型的值。逻辑运算的判断规则如下。

（1）&&：左右两侧均为 true，其结果才为 true；只要有一个为 false，其结果都为 false。

（2）||：左右两侧只要有一个为 true，其结果都为 true；只有两侧均为 false，其结果才为 false。

（3）!：对运算对象进行布尔取反，运算对象为 true，取反后为 false。

例如：

```
var age:uint=15;    //定义正整型变量 age
if((age>=18)&&(age<40)){
trace("青年人！");    //若两个条件同时为真，则输出语句为"青年人！"
}else{
trace("不是青年人！");   //只要一个条件不满足，输出语句就为"不是青年人！"
}
```

4．关系运算符

关系运算符主要用于对两个操作数或表达式的值进行比较。常见的关系运算符一般分为两类：一类用于判断大小关系；另一类用于判断相等关系。其具体情况为：关系运算符左右两侧可以是数值、变量或者表达式。关系表达式的结果是布尔型，其值为 true 或者 false。

（1）判断大小关系：>大于运算符、<小于运算符、>=大于或等于运算符、<=小于或等于运算符。例如：

```
var a:int = 10;
trace(a<2);    //输出结果为 false
```

（2）判断相等关系：==等于运算符、!=不等于运算符、===严格等于运算符、!==严格不等于运算符。例如：

```
var b:Boolean = false;
```

```
trace(b==false);　//输出结果为 true
```

注意："=="与"!="运算符会将左右两侧数据强制转换为同一类型并进行比较，而"==="与"!=="不会进行数据类型转换，若两侧数据类型不同，则返回结果一定是false。

关系运算符及对应的执行运算如表 6-3 所示。

表 6-3

关系运算符	执行的运算	关系运算符	执行的运算
>	大于	==	等于
<	小于	!=	不等于
>=	大于或等于	===	严格等于
<=	小于或等于	!==	严格不等于

5.字符串运算符

字符串运算符主要用于对两个或两个以上的字符串进行连接、赋值及比较等运算。字符串运算符及对应的执行运算如表 6-4 所示。

表 6-4

字符串运算符	执行的运算	字符串运算符	执行的运算
+	连接	<	小于
+=	连接并赋值	>	大于
==	相等	<=	小于或等于
!=	不相等	>=	大于或等于
!==	完全不等	"	分隔符

6.2.5　流程控制

若要控制动作脚本的运行流程，则需要设计程序代码执行的先后顺序，这个流程就是程序的结构。常见的程序结构有 3 种：顺序结构、选择结构和循环结构。

1. 顺序结构

顺序结构最简单，即按照代码的顺序逐句执行。ActionScript 3.0 代码中的简单语句都是按照顺序进行处理的，这就是顺序结构。例如：

```
var a:int;　//执行第 1 句代码，初始化一个变量
a=1;　//执行第 2 句代码，为变量 a 赋值，其值为 1
a++;　//执行第 3 句代码，变量 a 执行递加操作
```

2. 选择结构

当程序有多种可能的选择时，就要使用选择结构。具体选择哪一个语句，要根据条件表达式的计算结果而定，选择结构如图 6-5 所示。

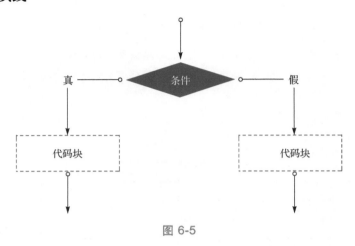

图 6-5

ActionScript 3.0 有以下 3 种可以用来控制程序流的基本条件语句。

（1）if…else 条件语句。用于判断一个控制条件，若该条件能够成立，则执行一个代码块；否则执行另一个代码块。

if…else 条件语句的基本格式如下：

```
if(条件表达式){
  代码块 1
}else{
  代码块 2
}
```

例如：

```
  var a:int =-500;
if(a>0){
    trace("a是一个正整数");  //若满足a>0,则执行这句代码,输出"a是一个正整数"
}else{
    trace("a 不是正整数");  //若不满足 a>0,则执行这句代码,输出"a 不是正整数"
  }
```

在本例中，条件判断（a>0）的返回值是 false，因此执行 else 后面的语句。

注意：在 if…else 条件语句中，else 是可选的，也就是 else 后的语句不是必需的。即条件表达式返回值为 true，则执行代码块，否则不执行任何操作，其格式如下：

```
if(条件表达式){
  代码块 1
}
```

（2）if…else if…else 条件语句。若不只是有两种情况，则判断条件增多就需要更多的条件表达式参与判断，这时需要使用 if…else if…else 条件语句。例如：

```
var a:int =500;
if(a>100){
    trace("a 是大于 100 的正整数");
```

```
    }else if(a>0){
      trace("a 是正整数");
      }else{
        trace("a 不是正整数");
      }
```

注意：在设置条件时，首先要理清各条件之间的逻辑关系，再进行条件语句的书写。

（3）**switch 条件语句**。Switch 条件语句相当于一系列的 if…else if…else 条件语句，但是要比 if 语句清晰得多。switch 条件语句不是对条件进行测试以获得布尔值，而是对条件表达式进行求值并使用计算结果来确定要执行的代码块。switch 条件语句格式如下：

```
switch（表达式）{
 case:
 代码块 1;      //若条件表达式的值满足这个 case，则执行代码块 1
 break;         //终止程序运行
 case:
 代码块 2;      //若条件表达式的值满足这个 case，则执行代码块 2
 break;         //终止程序运行
 case:
 代码块 3;      //若条件表达式的值满足这个 case，则执行代码块 2
 break;         //终止程序运行
 default:       //若不满足以上情况，则执行以下代码
 默认执行程序语句;
 }
```

例如：

```
var myColor:string ="y";
 switch (myColor) {
 case "y":
 trace("黄色");
 break;
 case "g":
 trace("绿色");
 break;
 default:
 trace("蓝色");
 }
```

以上例子中的字符串变量 myColor 的值若既不是"y"又不是"g"，则输出结果为"蓝色"。

3．循环结构

循环结构是多次执行同一组代码，重复的次数由一个数值或条件来决定。循环语句的结构一般分为以下两种。

（1）先进行条件判断，若条件成立，则执行循环体代码，执行完一次后再进行条件判

断，若条件依然成立，则继续执行循环体代码，直到条件不成立，退出循环。若第一次条件就不满足，则一次也不执行直接退出，其结构如图 6-6 所示。for 循环语句和 while 循环语句就属于这种循环结构。

（2）不进行条件判断，先执行一次循环体代码，执行完后再进行条件判断，若条件成立，则循环继续；否则退出循环。这样即使第一次条件不满足，也会执行一次代码，其结构如图 6-7 所示。do…while 循环语句就属于这种循环结构。

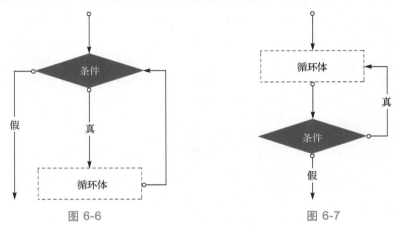

图 6-6   图 6-7

下面介绍常用循环语句格式和语法。

（1）for 循环语句，是 ActionScript 3.0 编程语言中最灵活、应用最广泛的语句。for 循环语句格式如下：

```
for(初始化;循环条件;步进语句) {
  //循环体
}
for (var i:int=0; i<10; i++ ) {
  //循环体
}
```

① 初始化：使用 var 变量关键字定义需要使用的变量，并进行初始化。一般来说，需要对变量进行赋值。

② 循环条件：逻辑运算表达式，是循环是否继续的判断条件。若循环条件返回值为 false，则退出循环；否则继续执行循环代码。

③ 步进语句：算术赋值表达式，用于改变循环变量的值。通常为++（递增）或——（递减）运算符的表达式。

递增循环举例：

```
for(var i:int=0; i<10; i++){
var s:int = 0;
s=s+i;
trace(s);
}
```

递减循环举例：

```
for(var i:int =10; i>0; i--){
var s:int = 1;
s=s*i;
trace(s);
}
```

（2）while 循环语句，是典型的当型循环，即当满足条件时，执行循环体的内容。while 循环语句格式如下：

```
while(循环条件) {
   //循环体
}
```

① 循环条件：逻辑运算表达式，若返回值为 true，则继续执行循环代码；否则退出循环。

② 循环体：包括算术赋值表达式，用于改变循环变量的值，以及在满足条件时要执行的操作。例如：

```
var i:int=0;
var s:int=10;
while(i<10) {
  s+=i;
  i++;
trace(s);
}
```

输出结果为 55，当 i=10 时，不满足条件，跳出循环体。

（3）do…while 循环语句。先执行循环体，再判断条件是否成立，这样保证至少执行一次循环代码。

```
do {
  //循环体
} while (循环条件)
```

例如：

```
var i:int=0;
var s:int=10;
do{
  i++;
s+=i;
  trace(s);
}
while(i<0)
```

输出结果为 11，即使 i 不满足条件，仍然会运行一次 do 中的循环体。

（4）for…in 和 for each…in 语句。用于遍历某个对象集合中所有的元素或属性。下面分别使用两种语句来访问对象中的属性。

① 使用 for…in 语句。

```
    var productList:Object = {name:"台灯", price:29.9};   /*定义一个对象
productList, 并添加属性 name 和 price*/
    for (var i:String in productList) {               //执行遍历操作
      trace("商品属性"+i + ": " + productList[i]);  //输出属性名称和属性值
    }
```

② 使用 for each…in 语句。

```
    for each (var i:String in productList) {    //执行 for each 遍历操作
      trace("商品属性: "+i);
    }
```

（5）循环流程控制语句。

在 ActionScript 3.0 中，可以使用 break 语句和 continue 语句来控制循环流程。执行 break 语句的结果是直接跳出循环，不再执行后面的语句；执行 continue 语句的结果是停止当前这一轮循环，直接跳到下一轮循环，而当前轮次中 continue 后面的语句也不再执行。例如：

```
    for (var i:int=0; i<10; i++) {
      if (i==5) {
          break;   //使用 break 语句控制循环，可以换成 continue 语句，查看区别
    }
          trace(i);  //当 i=5 时，跳出循环
    }
```

6.2.6　实例——满天星

利用 Animate CC 2020 软件制作一个闪烁的满天星动画。主要步骤如下。

（1）启动 Animate CC 2020，选择"文件"→"打开"选项，选择第 6 章素材"满天星素材"文件（见二维码），如图 6-8 所示。

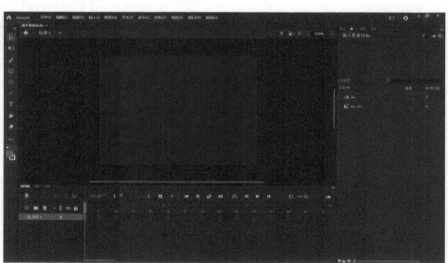

图 6-8

（2）"满天星素材"文件包含两个元件，即一个是图形元件"xin"；另一个是影片剪辑元件"xin_mc"。从"库"面板中找到"xin_mc"影片剪辑，这是一个包含星星闪烁动画的影片剪辑元件，可以通过拖动播放头来查看动画效果。双击该元件即可进入元件编辑窗口，如图 6-9 所示。

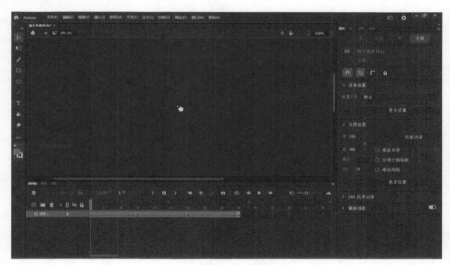

图 6-9

（3）选中"库"面板中的"xin_mc"影片剪辑元件并右击，选择"属性"命令，如图 6-10 所示。

（4）在打开的"元件属性"面板中，勾选"为 ActionScript 导出(X)"复选框，系统会自动连接相应的"类"和"基类"。"类"的名称与元件名称一致，"基类"表示该元件对象所属的数据类型，如图 6-11 所示。

图 6-10

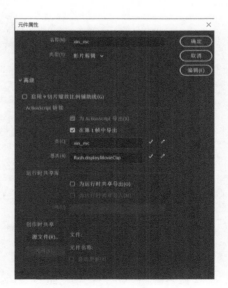

图 6-11

（5）单击"确定"按钮，此时弹出"ActionScript 类警告"对话框，单击"确定"按钮即可，在导出 swf 文件时，系统会自动为"xin_mc"类生成相应的定义，如图 6-12 所示。

（6）返回"场景 1"，此时，"库"面板中的"xin_mc"元件已经与新建的"xin_mc"类进行连接，如图 6-13 所示。

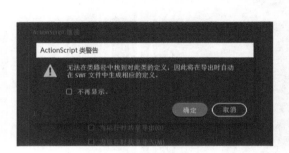

图 6-12

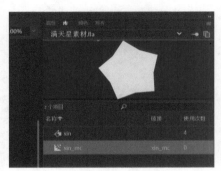

图 6-13

（7）将图层重命名为"AS"，并选择第 1 帧作为关键帧，打开"动作"面板并添加如下代码。

```
//定义常量 maxNumber，限制星星数量的上限
const maxNumber:int = 200;
//定义影片剪辑类型变量 myXin
var myXin:MovieClip;
//采用 for 循环语句，当星星数量未达到上限 200 时，执行循环体
for(var i=0; i<=maxNumber-1; i++){
  // 将 xin_mc 类赋值给 myXin，得到 xin_mc 类的实例
   myXin = new xin_mc();
  //使用 scaleY 和 scaleX 设置 myXin 实例的缩放比例
   myXin.scaleY = myXin.scaleX = Math.random()*0.6+0.4;
/*随机设置 myXin 实例的 x 坐标与 y 坐标，Math.random()为随机取值函数；
stage.stageWidth 用于获取舞台的宽度，stage.stageHeight 用于获取舞台的高度；
通过 alpha 属性设置不透明度*/
   myXin.x= Math.random()* stage.stageWidth;
   myXin.y= Math.random()* stage.stageHeight;
   myXin.alpha = myXin.scaleX*Math.random()*1;
   //设置旋转角度
   myXin.rotation = Math.random()*360;
   //设置从任意一帧开始播放
   myXin.gotoAndPlay(Math.round(Math.random()*44+1));
//将实例 myXin 添加到舞台中
   addChild(myXin);
}
```

（8）选择"文件"→"另存为"命令，存为名称为"满天星完成"的 fla 文档，并测试影片，发布效果如图 6-14 所示。

注意：在学习 ActionScript 3.0 过程中，要善于使用 Animate CC 2020 自带的"帮助"功能，如图 6-15 所示。特别是在遇到未学过的类、属性或方法时，可以查阅《ActionScript 3.0 语言参考》，如图 6-16 所示。

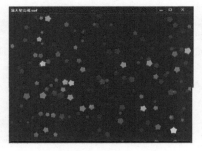

图 6-14

图 6-15

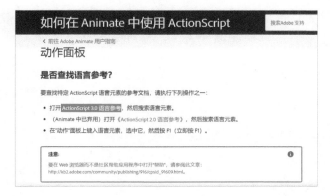

图 6-16

通过"搜索"功能可以很快查找到相应的帮助信息，例如，若要查找 Math.random() 的用法，则首先搜索"Math"关键词，然后选择相应的词条进行查看，如图 6-17 所示。

图 6-17

6.3 函　　数

函数是可以向脚本传递参数并能够返回值的、可重复使用的代码块。函数将代码封装起来，在需要使用的地方直接调用，大大提高了脚本运行效率。同时避免了重复编写代码，从而简化脚本，方便阅读和修改。

6.3.1 函数的定义

在 ActionScript 3.0 中，有以下两种定义函数的方法。

（1）常用的函数语句定义法。

（2）ActionScript 3.0 中独有的函数表达式定义法。

具体使用哪一种方法来定义函数，可以根据编程习惯来选择。一般的编程人员使用函数语句定义法，对于有特殊需求的编程人员，使用函数表达式定义法。

1. 函数语句定义法

函数语句定义法与大多数面向对象的编程语言类似，使用关键字 function 来定义。格式如下：

```
function 函数名(参数 1:参数类型,参数 2:参数类型):返回类型{
//函数体
}
function testA(a:int, b:int):int{
   return a+b;
 }
```

（1）function：定义函数使用的关键字。注意，function 关键字要以小写英文字母开头。

（2）函数名：定义函数的名称。函数命名符合变量命名的规则。

（3）花括号：定义函数的必需格式，需要成对出现。花括号内是函数体，是调用函数时执行的代码块。

（4）圆括号：定义函数必需的格式，圆括号内是函数的参数和参数类型，圆括号是必须要有的，但参数和参数类型都是可选的，非必须的。

（5）返回类型：定义函数的返回类型，也是可选的。

例如，函数 testA 的定义也可以简化为如下形式：

```
function testA(){
   trace(a+b);
 }
```

2. 函数表达式定义法

函数表达式定义法有时也称为函数字面值或匿名函数，是一种较为繁杂的方法，其格式类似变量定义，使用 var 关键字。注意，var 关键字要以小写英文字母开头。

```
var 函数名:Function=function(参数 1:参数类型,参数 2:参数类型):返回类型{
//函数体
}
```

例如：

```
var testA:Function=function testA(a:int, b:int):int{
 return a+b;
 }
```

或者

```
var testA:Function=function() {
 return a+b;
 }
```

注意：原则上推荐使用函数语句定义法。

6.3.2 函数的调用

函数在没有被调用之前并不会执行函数体中的脚本。只有通过调用函数，函数的功能才能实现。例如：

```
function helloAS() {          //定义函数名为 helloAS 的函数
trace("AS3.0 欢迎你！");
}
helloAS(); //对于没有参数的函数，调用格式为函数名()，函数名后紧跟一对圆括号
```

6.3.3 函数的参数

函数通过参数向函数体传递数据和信息。函数需要传递的参数都位于函数圆括号中，其语法格式如下：

(参数 1:参数类型=默认值，参数 2:参数类型=默认值)

函数的参数是可选项，可以设置也可以不设置。若设置了参数，则在函数调用时，需要设置参数的值。例如：

```
function helloAS(userName:String) {//定义带有 userName 参数的函数 helloAS
trace("AS3.0 欢迎你！"+userName );
}
helloAS("张三");       /*此时参数的值为"张三"，参数将"张三"传递给函数体，并调
用函数 helloAS*/
```

6.3.4 函数的返回值

通常我们希望通过函数调用使主调函数能得到一个确定的值，这就是函数的返回值。函数的返回值是通过函数中的 return 语句来获得的。函数可以有返回值，也可以没有返回值。

（1）没有返回值的函数：其功能只是完成一个操作，此时返回值类型定义为 void（可选），函数体内可以没有 return 语句。

（2）有返回值的函数：函数的最后会有一个返回值，return 可以用来获取该函数执行结果返回给该函数，让外部调用该函数的返回值。

例如：

```
function areaS(a:Number, b:Number):Number{
    var s:Number = a*b;
    return s;
}
trace("面积 S="+areaS(2,3));
trace("面积 S="+areaS(5,7.6));
```

此例用于求一个长方形的面积，参数 a 与 b 分别表示长方形的长与宽，返回值 s 是通过参数计算后的面积值。不同的参数值传递回函数体，函数得到不同的返回值。

6.4 事 件

事件处理机制是交互式程序设计的基础。利用事件处理机制可以方便地响应用户输入和系统事件。ActionScript 3.0 的事件处理机制是基于文档对象模型（DOM3）的，是业界标准的事件处理体系结构。ActionScript 3.0 全新的事件处理机制是 ActionScript 编程语言中的重大改进。

在 ActionScript 3.0 的事件处理机制中，事件对象主要有以下两个作用。

（1）将事件信息储存在一组属性中，来表示具体事件。

（2）包含一组方法，用于操作事件对象和影响事件处理系统的行为。

6.4.1 事件处理机制

在 ActionScript 3.0 中，事件处理机制主要包括 3 方面：事件、事件发送者、事件侦听器。事件侦听器是事件的处理者，负责接收事件携带的信息，并在接收到该事件之后执行事件侦听函数体内的代码。

添加事件侦听器的步骤如下。

（1）创建一个事件侦听器，即事件侦听器函数。

（2）使用 addEventListener()方法在事件发送者或者任何显示对象上注册事件侦听器函数。

语法格式如下：

```
//创建事件侦听器
function 事件侦听器(event:Event):void{
…//接收到该事件之后执行的函数代码块
}
//注册事件侦听器
事件发送者. addEventListener(事件,事件侦听器);
```

1．创建事件侦听器

事件侦听器必须是函数类型，既可以是一个自定义的函数，又可以是实例的一个方法。创建侦听器的语法格式如下。

```
function 事件侦听器名称(evt:事件类型): void{…}
function listenerName(evt:Event):void{…}
```

（1）事件侦听器名称：要定义的事件侦听器的名称，命名需符合变量命名规则。

（2）evt：事件侦听器参数，是必需的。

（3）事件类型：Event 类实例或其子类的实例。

（4）void：返回值必须为空，不可省略。

2．管理事件侦听器

在 ActionScript 3.0 中，使用 IEventDispatcher 接口的方法来管理事件侦听器，主要用于注册、检查和删除事件侦听器。

（1）注册事件侦听器。addEventListener()函数用来注册事件侦听器。注册事件侦听器的语法格式如下：

```
事件发送者.addEventListener(事件类型,侦听器);
```

（2）删除事件侦听器。removeEventListener()函数用来删除事件侦听器。删除事件侦听器的语法格式如下：

```
事件发送者.removeEventListener(事件类型,侦听器);
```

（3）检查事件侦听器。hasEventListener()方法和 willTragger()方法都可以用来检测当前的事件发送者注册了何种类型的事件侦听器。检查事件侦听器的语法格式如下：

```
事件发送者.hasEventListener(事件类型);
```

在 ActionScript 3.0 中，有一个 Event 类，作为所有事件对象的基类，也就是说，程序中所发生的事件都必须是 Event 类或者其子类的实例。本章将通过实例介绍常用的以下 3 种事件。

① 鼠标事件：MouseEvent。

② 键盘事件：KeyBoardEvent。

③ 帧事件：ENTER_FRAME。

6.4.2 鼠标事件

鼠标事件是最常用的交互事件，能完成大多数由鼠标发起的互动动作。在 ActionScript 3.0 中，统一使用 MouseEvent 类来管理鼠标事件。在使用过程中，无论是按钮还是影片事件，均统一使用 addEventListener()方法注册鼠标事件。

1．鼠标单击事件

鼠标单击事件可以自行根据格式编写代码，或者使用"代码片段"添加事件。主要步骤如下。

（1）创建新的文档，并在舞台上创建按钮元件，如图 6-18 所示，选中这个按钮元件，并在"属性"面板中将"实例名称"命名为"myButton"，创建一个按钮实例，并作为鼠标单击事件的事件发送者，如图 6-19 所示。

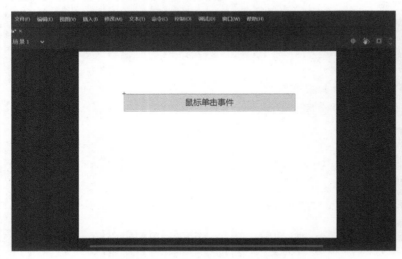

图 6-18   图 6-19

（2）打开"动作"面板，单击"代码片段"中的" <> "按钮，在弹出的"代码片段"面板中选择"事件处理函数"，在展开列表中双击选择"Mouse Click 事件"，如图 6-20 所示。选择"Mouse Click 事件"后，系统会自动新增图层"Action"，并在第 1 帧写入如下代码。

```
按钮实例名称      注册事件侦听器        事件侦听器类型        事件侦听器函数名

myButton.addEventListener(MouseEvent.CLICK, fl_MouseClickHandler);

创建事件侦听器      事件侦听器函数名        事件侦听器函数类

function fl_MouseClickHandler(event:MouseEvent):void
{
    //开始自定义代码
    //此示例代码在"输出"面板中显示"已单击鼠标"
    trace("已单击鼠标");
    //结束自定义代码
}
```

（3）保存该文件为"鼠标事件"并测试影片，当单击"鼠标单击事件"按钮时，输出字符串"已单击鼠标"，效果如图 6-21 所示。

图 6-20

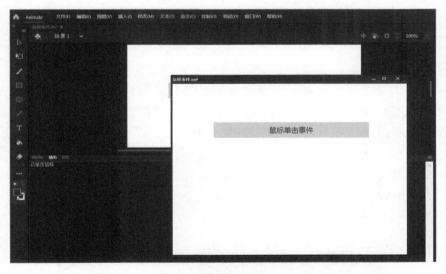

图 6-21

2. 鼠标移过事件

打开"鼠标事件"文件中，在舞台中创建另一个按钮，在其"属性"面板中输入实例名称为"myButton2"，从而创建一个名为"myButton2"实例。打开"动作"面板，单击"代码片段"中的""按钮，在弹出的"代码片段"面板中选择"事件处理函数"，并在展开的列表中双击选择"Mouse Over 事件"，并自动写入如下代码。

```
myButton2.addEventListener(MouseEvent.MOUSE_OVER,
fl_MouseOverHandler);
    function fl_MouseOverHandler(event:MouseEvent):void
    {
    // 开始自定义代码
```

```
        // 此示例代码在"输出"面板中显示"鼠标悬停"
        trace("鼠标悬停");
        // 结束自定义代码
    }
```

测试影片，当鼠标移入或移过按钮时，输出"鼠标悬停"，效果如图 6-22 所示。

图 6-22

注意：若要为某个对象添加鼠标事件，则该对象必须是影片剪辑元件或按钮元件，并且一定要有实例名称。如在选择代码片段时，若出现如图 6-23 所示的警告，则是因为没有选中舞台上的实例对象。

实例：鼠标事件——导航

（1）打开 Animate CC 2020 软件，新建文档并将其命名为"导航"，新建文档的具体设置参数如图 6-24 所示。

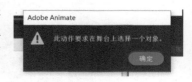

图 6-23

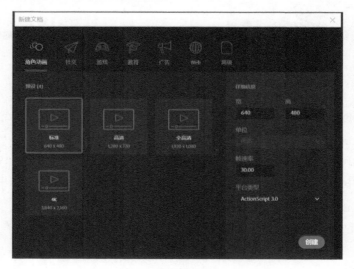

图 6-24

（2）利用"图形"工具和"文字"工具在舞台中绘制图形及文字，如图 6-25 所示。

图 6-25

（3）将其转化为按钮元件，在"转换为元件"对话框中的"名称"文本框中输入"一级导航"，如图 6-26 所示。

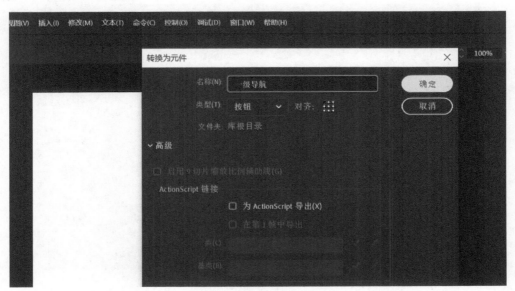

图 6-26

（4）双击"一级导航"按钮，进入"按钮编辑"面板，在第 2 帧"指针划过"插入关键帧，并调整按钮背景色为深绿色，如图 6-27 所示。

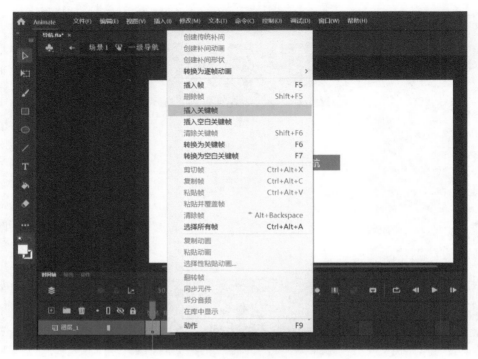

图 6-27

（5）返回到场景 1，在"一级导航"元件下方，创建"次级导航"按钮元件，如图 6-28 所示。

图 6-28

（6）同样双击"次级导航"按钮，进入"按钮编辑"面板，在第 2 帧"指针划过"插入关键帧，并调整按钮背景颜色。当按钮处于"正常状态"和"指针划过状态"时，按钮背景色会随之改变，按钮"正常状态"如图 6-29 所示，"指针划过状态"如图 6-30 所示。

图 6-29

图 6-30

（7）再复制两个"次级导航"按钮，然后选中所有按钮，将其转化为"导航"影片剪辑，并双击这些按钮进入"导航"影片剪辑编辑面板，再次选中所有按钮并右击，选择"分散到图层"命令，具体操作如图 6-31 所示。

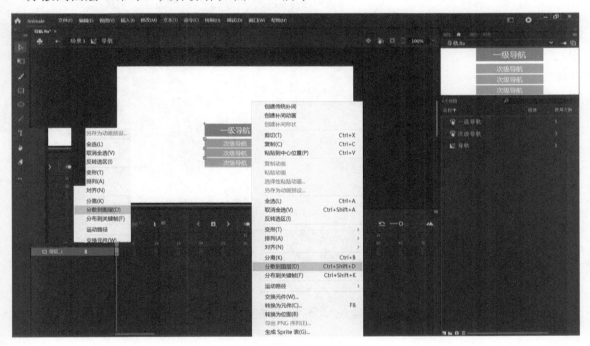

图 6-31

（8）新建"图标"图层，在第 1 帧和第 2 帧处分别插入关键帧，并绘制两个箭头，分别如图 6-32 和图 6-33 所示。

图 6-32　　　　　　　　　　　　　　　　图 6-33

（9）在第 40 帧处插入关键帧，开始创建导航展开动画，如图 6-34 所示。

（10）当一级导航展开时，次级导航按钮从上到下、从无到有地出现，如图 6-35 所示。

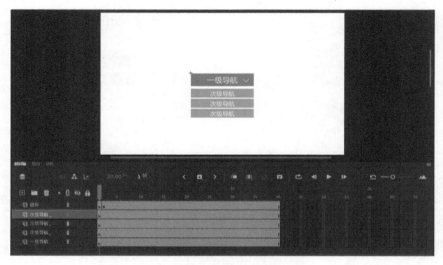

图 6-34

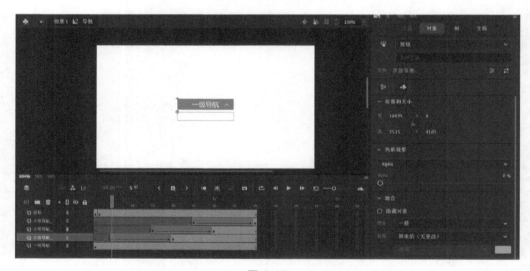

图 6-35

（11）改变第一个"次级导航"按钮的位置和透明度的参数，第 5 帧处的关键帧参数如图 6-36 所示，第 20 帧处的关键帧参数如图 6-37 所示。第 5 帧处的关键帧透明度参数如图 6-38 所示，透明度参数为 0%。

图 6-36   图 6-37

图 6-38

（12）若在第 1 帧和最后一帧输入脚本 stop()，则"导航"影片剪辑在第 1 帧和最后一帧会停止播放，如图 6-39 所示。

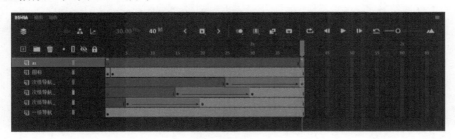

图 6-39

（13）为"一级导航"按钮添加实例名称"menu_btn"，如图 6-40 所示。返回到场景 1，为"导航"影片剪辑添加实例名称"menu_mc"，如图 6-41 所示。

图 6-40   图 6-41

（14）在"动作"面板中输入如下代码。

```
//定义布尔型变量 isOpen，用于记录导航展开状态，初始值为 false
var isOpen:Boolean = false;
//对"menu_mc"实例中的"menu_btn"实例对象添加鼠标单击事件侦听器
menu_mc.menu_btn.addEventListener(MouseEvent.CLICK, openMenu);
//创建"openMenu"事件侦听器函数
function openMenu(e:MouseEvent){
    if(!isOpen){          //注意这里使用了"！"，若 isOpen 为 false，则条件成立
    menu_mc.gotoAndPlay(2);          //动画从第 2 帧开始播放
    isOpen=true;             //记录导航展开状态为 true
    }else{
        menu_mc.gotoAndStop(1);       //动画停止在第 1 帧
        isOpen=false;          //记录导航展开状态为 false

    }
}
```

（15）测试影片，导航初始状态效果如图 6-42 所示。单击"一级导航"下拉按钮，次级导航依次展开，效果如图 6-43 所示。再次单击"一级导航"下拉按钮，导航收起，回到初始状态。

图 6-42

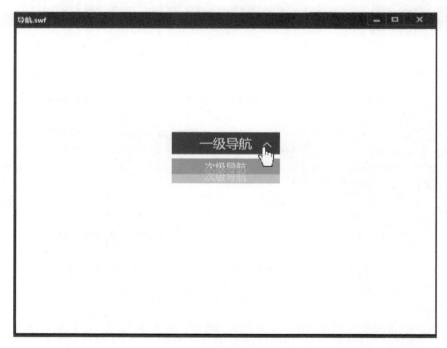

图 6-43

6.4.3　键盘事件

键盘操作也是用户交互操作的重要事件之一。在 ActionScript 3.0 中使用 KeyboardEvent 类来处理键盘操作事件。它有以下两种类型的键盘事件。

（1）KeyboardEvent.KEY_DOWN：定义按下键盘按键时的事件。

（2）KeyboardEvent.KEY_UP：定义松开键盘按键时的事件。

键盘事件与鼠标事件不同，键盘事件不一定要选择舞台中的某个实例对象作为侦听目标，而可以直接将 stage 作为侦听目标，基本代码如下。

```
    stage.addEventListener(KeyboardEvent.KEY_DOWN,
fl_KeyboardDownHandler);

    function fl_KeyboardDownHandler(event:KeyboardEvent):void
    {
        // 开始自定义代码
        // 此示例代码在"输出"面板中显示"已按键控代码："和按下按键的键控代码
        trace("已按键控代码:" + event.keyCode);
        // 结束自定义代码
    }
```

注意：keyCode 是按下的键盘按键 Unicode 值，键盘按键所对应的 keyCode 值可以在本书第 6 章的素材文件夹《keyCode 对照表》文档（见二维码）中查询。

实例：键盘事件——飞机。

（1）新建文档"键盘事件—飞机"fla 文件，具体参数设置如图 6-44 所示。

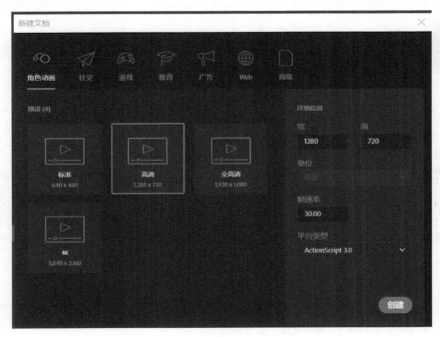

图 6-44

（2）依次选择"文件"→"导入"→"导入到舞台"命令，如图 6-45 所示。导入素材文件夹下"键盘事件—飞机"文件夹下的"背景.jpg"图片（见二维码），并将图层重命名为"背景"，如图 6-46 所示。

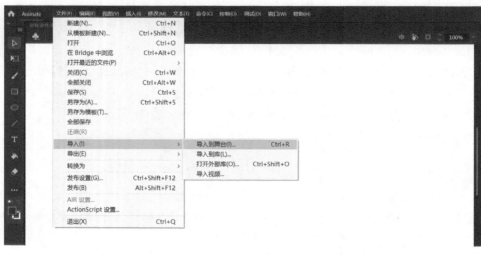

图 6-45

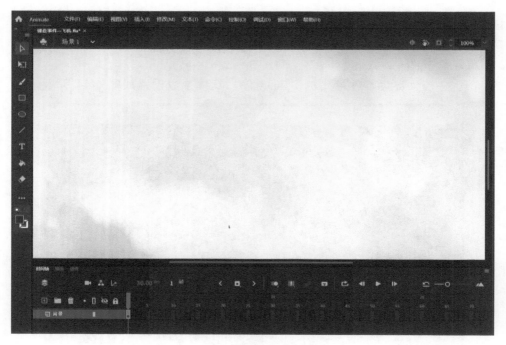

图 6-46

（3）打开"对齐"面板，将背景图片进行如图 6-47 所示的设置，将背景与舞台大小相匹配。首先勾选"与舞台对齐"复选框，接着单击"水平对齐▣"按钮和"垂直对齐▣"按钮，再单击"匹配宽和高▣"按钮。

图 6-47

（4）将新建图层命名为"飞机"，并将另一个素材"飞机.png"（见二维码）导入到舞台中，并将其转化为"影片剪辑"元件"plane_mc"，效果如图 6-48 所示。

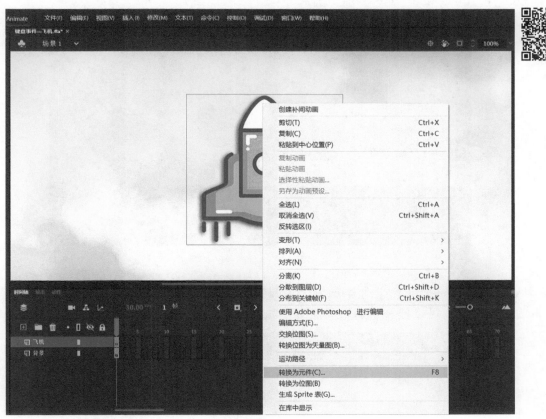

图 6-48

（5）重置"plane_mc"元件的定位点。双击"plane_mc"元件进入元件编辑窗口，选中飞机图片，打开"属性"→"对象"面板，将 X 与 Y 的值都设置为–170，如图 6-49 所示。这样"小十字"定位点就重置到元件中心，完成后的效果如图 6-50 所示。

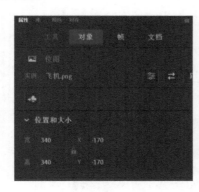

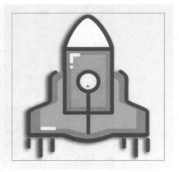

图 6-49　　　　　　　　　　　　　　　图 6-50

（6）返回"场景 1"，选择"工具"面板中的"任意变形工具 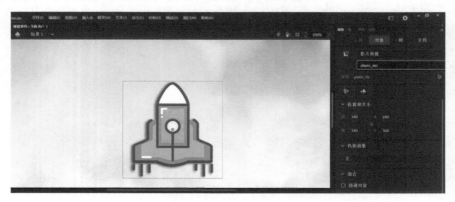"，将元件的变形锚点移回元件的中心，这样元件定位点和变形锚点都重置到元件的中心。选择"对齐"面板，将"plane_mc"元件对齐到舞台中央，效果如图 6-51 所示。

图 6-51

（7）给"plane_mc"元件添加一个实例名称"plane_mc"，这样就创建了一个影片剪辑的实例对象，可以被脚本调用和侦听，如图 6-52 所示。

图 6-52

（8）新建图层 "AS"，并在 "动作" 面板中输入如下代码。

```
//初始化
var speed:int=10;  //定义飞机速度并赋值10
//建立键盘事件侦听器，侦听目标为 stage
stage.addEventListener(KeyboardEvent.KEY_DOWN,keyDowmHandler);
//创建事件侦听函数
function keyDowmHandler(e:KeyboardEvent):void {
    if (e.keyCode==Keyboard.LEFT) {            //当按下方向左键时
        plane_mc.x -= speed;                   //plane_mc 向左移动10像素
        plane_mc.rotation = 270;               //plane_mc 旋转270°
    }
    if (e.keyCode==Keyboard.RIGHT) {           //当按下方向右键时
        plane_mc.x += speed;                   //plane_mc 向右移动10个像素
        plane_mc.rotation = 90;                //plane_mc 旋转90°
    }
    if (e.keyCode==Keyboard.UP) {              //当按下方向上键时
        plane_mc.y -= speed;                   //plane_mc 向上移动10像素
        plane_mc.rotation = 0;                 //plane_mc 不旋转
    }
    if (e.keyCode==Keyboard.DOWN) {            //当按下方向下键时
        plane_mc.y += speed;                   //plane_mc 向下移动10像素
        plane_mc.rotation = 180;               //plane_mc 旋转180°
    }
    //设置飞机能够移动的范围，当到舞台边缘时，从另一边返回
    if (plane_mc.y<0) {
        plane_mc.y = stage.stageHeight-plane_mc.height/2;
    }
    if (plane_mc.y>stage.stageHeight-plane_mc.height/2) {
        plane_mc.y = 0;
    }
    if (plane_mc.x<0) {
        plane_mc.x = stage.stageWidth-plane_mc.width/2;
    }
    if (plane_mc.x>stage.stageWidth-plane_mc.width/2) {
        plane_mc.x = 0;
    }
}
```

（9）按下 Ctrl+Enter 快捷键测试影片，预览时先单击 swf 文件，提高 swf 运行文件的优先级才能成功测试键盘事件，效果如图 6-53 所示。

图 6-53

6.4.4　帧事件

ENTER_FRAME 事件是 ActionScript 3.0 中动画编程的核心事件。该事件能够控制对象随帧频变化，在每次刷新屏幕时均会改变显示对象，其基本代码如下。

```
addEventListener(Event.ENTER_FRAME, fl_EnterFrameHandler);

function fl_EnterFrameHandler(event:Event):void
{
    //开始自定义代码
    // 此示例代码在"输出"面板中显示"已进入帧"
    trace("已进入帧");
    // 结束自定义代码
}
```

每次刷新屏幕时（即每一帧）都会调用一次 Event.ENTER_FRAME 事件，从而实现动画效果。Animate CC 2020 默认的帧频是 30fps，也就是每秒钟调用帧事件函数 30 次。所以，每秒钟会输出 30 次字符串"已进入帧"，如图 6-54 所示。

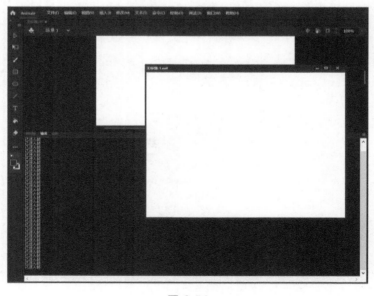

图 6-54

实例：帧事件——鼠标跟随

（1）打开 Animate CC 2020 软件，选择"文件"→"打开"命令，打开第 6 章的素材文件夹中的"帧事件——鼠标跟随"fla 文件（见二维码）。在"库"面板中找到"xin"影片剪辑并右击，选择"属性"命令，如图 6-55 所示。

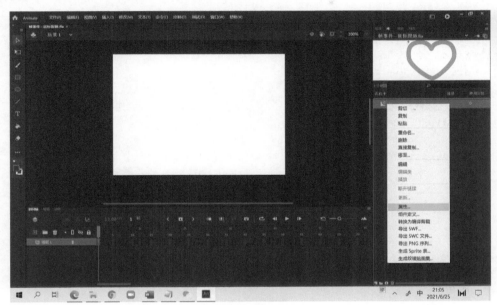

图 6-55

（2）在"元件属性"面板中选择"为 ActionScript 导出"，如图 6-56 所示。单击"确定"按钮在弹出的"ActionScript 类警告"窗口中单击"确定"按钮，如图 6-57 所示。这样就可以不需要将元件放入舞台中，而直接通过类定义实例了。

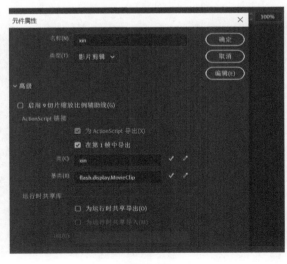

图 6-56

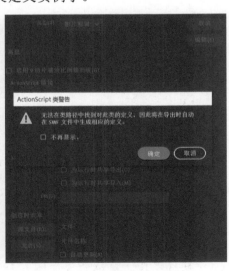

图 6-57

（3）在"图层 1"的第 1 帧处打开"动作"面板，并输入如下代码。

```
import flash.display.MovieClip;
//定义变量
var max_num:int= 12;   //最多创建的实例个数
var xinArray:Array = new Array();
var xin0:MovieClip;
var oldX:Number;
var oldY:Number;
var oldAlpha:Number;

//利用循环语句，创建 12 个"xin"实例，并将其添加到舞台中
for (var i = 0; i<=max_num-1; i++) {
     var myxin:xin = new xin();
     addChild(myxin);           //将实例添加到舞台中
      xinArray.push(myxin);  //将实例对象放进数组对象中，便于序列读取
}

xin0 =  xinArray[0];
xin0.startDrag(true);   //令"xin"实例跟随鼠标变化

/*添加帧事件侦听器函数，每次进入帧都重置"xin"实例坐标（x,y）和透明度 Alpha 属
性的初始值*/
```

再通过 for 循环语句将数组对象中的实例依次读取出来，设置每个实例的坐标（x, y）和透明度 Alpha 属性，这样实例的属性就会根据鼠标和事件的变化而发生变化。

```
addEventListener(Event.ENTER_FRAME,enterframe);
function enterframe(event:Event) {
   oldX=xin0.x;
   oldY=xin0.y;
   oldAlpha = xin0.alpha;
    var xin_mc:MovieClip;
       for (var j=1; j<=max_num-1; j++) {
        xin_mc = xinArray[j];
       xin_mc.x += (oldX-xin_mc.x)*0.2;
       xin_mc.y += (oldY-xin_mc.y)*0.2;
       xin_mc.alpha =oldAlpha-0.1;
        oldX=xin_mc.x;
       oldY=xin_mc.y;
       oldAlpha = xin_mc.alpha;
       }
}
```

（4）测试影片，具体效果如图 6-58 所示。

图 6-58

6.5　综合实例创作——音乐播放器

本节将创作一个音乐播放器，该音乐播放器的功能包括：① 读取歌曲名称和演唱人信息；② 对歌曲进行播放、暂停、上一首和下一首操作；③ 通过蓝色进度条显示歌曲当前播放进度；④ 能够通过滑块调节音量，并显示当前音量。音乐播放器界面如图 6-59 所示。

音乐播放器实例创作是 ActionScript 3.0 脚本的综合性应用，包括文本、影片剪辑、按钮、图形、声音等多种数据类型和元件对象的使用。通过该案例巩固 Animate CC 2020 的基础知识，提高 ActionScript 3.0 脚本灵活运用的能力。

图 6-59

6.5.1　音乐播放器素材的使用

选择"素材文件"→"音乐播放器"文件夹，其中包含一个"音乐播放器素材"fla 文件和一个"music"文件夹，其中"music"文件夹中包含 4 首歌曲（见二维码 1）。

1

打开"音乐播放器素材"fla 文件（见二维码 2），如图 6-60 所示。该素材包含了 5 个图层，功能区分为文本信息、播放进度条、播放控制和音量控制 4 部分。下面将分别介绍这 4 部分功能区包含元件的使用方法和交互方式。

2

（1）文本信息功能区用于显示歌曲名称和演唱人信息，如图 6-61 所示。显示歌曲名称的动态文本属性设置如图 6-62 所示，显示演唱人信息的动态文本属性设置如图 6-63 所示。

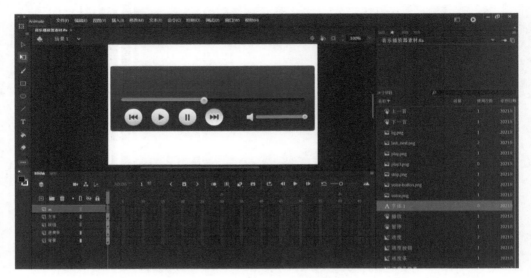

图 6-60

图 6-61

图 6-62

图 6-63

（2）播放进度条功能区主要由"进度条背景""进度条""进度指示钮"三个元件组成，如图 6-64 所示。"进度条"影片剪辑中又包含两个图层，分别用于遮罩和显示进度，如图 6-65 所示。需要注意的是，"进度"元件的锚点在最左边，如图 6-66 所示。

图 6-64

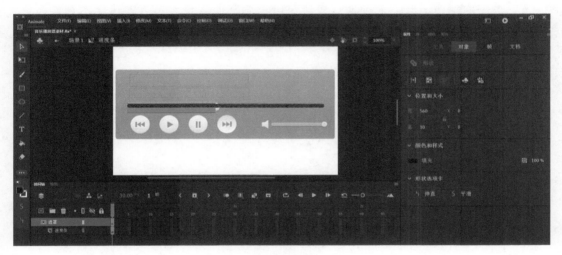

图 6-65

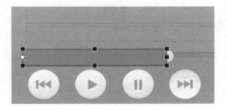

图 6-66

（3）播放控制功能区是播放的主要控件区域，包含 4 个按钮元件，如图 6-67 所示。
在按下按钮元件时，会向下移动一个像素，双击该按钮元件可对其进行编辑，时间轴设
置如图 6-68 所示。

图 6-67

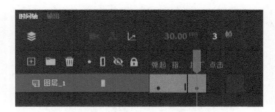

图 6-68

（4）音量控制功能区，通过拖动滑块可以控制歌曲音量大小，默认状态音量为最大。该功能区包括"音量调节按钮""音量条""音量条背景"，如图 6-69 所示。需要注意的是，"音量调节按钮"为影片剪辑型，如图 6-70 所示。"音量条"元件类似"进度条"元件，包含遮罩和音量元件，如图 6-71 所示。

图 6-69

图 6-70

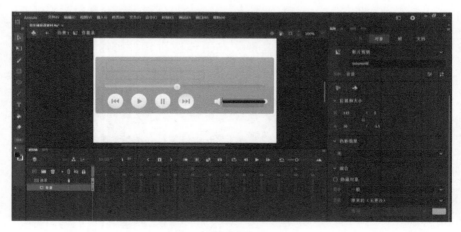

图 6-71

6.5.2　声音类的使用介绍

1．Sound 类

Sound 类允许用户在应用程序中使用声音。使用 Sound 类可以创建新的 Sound 对象，并将外部 MP3 文件加载到该对象并播放该文件。定义及调用格式如下。

```
var sound:Sound=new Sound(new URLRequest(导入外部音乐文件的路径));
sound.play();
```

注意：这里使用的路径是相对路径。

2．SoundChannel 类

SoundChannel 类（声音通道类），SoundChannel 类主要用来控制应用程序中的声音，它包含属性、事件和方法。

（1）属性。

① leftPeak：左声道的当前幅度（音量），范围从 0（静音）～1（最大音量）。

② rightPeak：右声道的当前幅度（音量），范围从 0（静音）～1（最大音量）。

③ position：在该声音中，播放头的当前位置。

④ soundTransform：分配给该声道的 soundTransform 对象。

（2）方法。

① stop()：停止在该声道中播放声音。

② play()：播放该声道中的声音

```
//设置事件侦听器，当单击 play_btn 按钮时，声音继续播放
play_btn.addEventListener(MouseEvent.CLICK,playEvn);
function playEvn(pEvent:MouseEvent):void {
    myChannel = sound.play();
    }
}
//设置事件侦听器，当单击 pause_btn 按钮时，声音暂停
pause_btn.addEventListener(MouseEvent.CLICK,pauseEvn);
function pauseEvn(sEvent:MouseEvent):void {
        myChannel.stop();
    }

}
```

6.5.3　动作脚本解析

首先，确保"音乐播放器素材"fla 文件与一个"music"文件夹在同一目录下，否则加载声音的路径将会失效。接着，打开"音乐播放器素材"fla 文件，选择"AS"图层，在"动作"面板中输入如下代码。

```
import flash.display.SimpleButton;
```

```
    //初始化变量
    var songList:Array=new Array("唱支山歌给党听.mp3","我的祖国.mp3","映山
红.mp3","我们走在大路上.mp3");
    var playState:Boolean=true;
    var pausePosition:int=0;
    var currentSong:Number=0;
    var song:Sound;
    var myChannel:SoundChannel = new SoundChannel();
    var changeForm:SoundTransform = new SoundTransform();
    //加载数组内路径的音乐
    loadSong(songList[currentSong]);
    function loadSong(thisSong:String):void {
        song = new Sound();
        song.load(new URLRequest("music/"+thisSong));
        song.addEventListener(Event.ID3, id3Handler);
        myChannel=song.play();
        myChannel.addEventListener(Event.SOUND_COMPLETE,
soundCompleteHandler);

        pos_mc.addEventListener(Event.ENTER_FRAME, posUpdate);
    }
    //显示歌曲名称和演唱人信息
    function id3Handler(e:Event):void {
        song_txt.text=song.id3.songName;
        name_txt.text=song.id3.artist;
    }
    //注册 4 个按钮上一首、暂停、播放、下一首的侦听器
    pre_btn.addEventListener(MouseEvent.CLICK, preHandler);
    pause_btn.addEventListener(MouseEvent.CLICK, pauseHandler);
    play_btn.addEventListener(MouseEvent.CLICK, playHandler);
    next_btn.addEventListener(MouseEvent.CLICK, nextHandler);

    function preHandler(e:MouseEvent):void {
        prevSong();
    }

    function pauseHandler(e:MouseEvent):void {
        pauseSong();
    }

    function playHandler(e:MouseEvent):void {
        playSong();
    }

    function nextHandler(e:MouseEvent):void {
        nextSong();
    }
```

```actionscript
//一首音乐播放完后播放下一首，4 首音乐循环播放
function soundCompleteHandler(e:Event):void {
    nextSong();
}

//定义播放音乐函数
function playSong():void {
    if (playState==false) {
        playState=true;
        myChannel=song.play(pausePosition);
        myChannel.soundTransform=changeForm;
        myChannel.addEventListener(Event.SOUND_COMPLETE,
soundCompleteHandler);
        pos_mc.addEventListener(Event.ENTER_FRAME, posUpdate);
    }
}
//暂停播放声音
function pauseSong():void {
    pos_mc.removeEventListener(Event.ENTER_FRAME, posUpdate);
    if(playState==true){
    playState=false;}
    pausePosition = myChannel.position;
    myChannel.stop();

}
//单击上一首按钮，播放上一首（4 首循环播放）
function prevSong():void {
    if (currentSong>0) {
        currentSong--;
    } else {
        currentSong=2;
    }
    pauseSong();
    loadSong(songList[currentSong]);
}
//单击下一首按钮，播放下一首（4 首循环播放）
function nextSong():void {
    if (currentSong<songList.length-1) {
        currentSong++;
    } else {
        currentSong=0;
    }
    pauseSong();
    loadSong(songList[currentSong]);
}
```

```
    /*将"音量指示钮"影片剪辑互动方式设置为按钮模式，这样它们在属性上是影片剪辑，互
动方式是按钮。因为只由影片剪辑才包含 StartDrag()方法*/
    //注册鼠标按下时的事件侦听器
    volume_mc.buttonMode=true;
    volume_mc.addEventListener(MouseEvent.MOUSE_DOWN, volumeStartDrag);


    //这是一个帧事件函数
    function posUpdate(e:Event):void {
        //播放进程滑块随音乐播放时长而移动的位置

        var pos:Number=posSlider.width*myChannel.position/song.length;
        pos_mc.x=posSlider.x+pos;
        //计算蓝色进度条的宽度
    progress_mc.progressBar.width = posSlider.width*myChannel.position/
song.length+pos_mc.width/2;
    }


    //定义"音量指示按钮"上鼠标按下的事件侦听器函数
    function volumeStartDrag(e:MouseEvent):void {
    //开始拖动，设置音量指示钮的拖动范围，沿着音量背景条滑动
        volume_mc.startDrag(false, new Rectangle(volumeSlider.x, volume
Slider.y-volume_mc. height/2, volumeSlider.width-volume_mc.width/2, 0));
        volume_mc.addEventListener(MouseEvent.MOUSE_MOVE, volumeUpdate);
        stage.addEventListener(MouseEvent.MOUSE_UP, volumeStopDrag);
    }
    //停止拖动音量调节按钮，删除事件侦听器
    function volumeStopDrag(e:MouseEvent):void {
        volume_mc.stopDrag();
        volume_mc.removeEventListener(MouseEvent.MOUSE_MOVE, volumeUpdate);
        stage.removeEventListener(MouseEvent.MOUSE_UP, volumeStopDrag);
    }
    //音量随音量调节钮的拖动及音量条的改变而改变
    function volumeUpdate(e:MouseEvent):void {
        changeForm.volume = (volume_mc.x - volumeSlider.x) / volumeSlider.width;
        myChannel.soundTransform=changeForm;
        volumeBar_mc.volumeW.width = volumeSlider.width*changeForm.volume
+volume_mc.width/2;
    }
```

反侵权盗版声明

  电子工业出版社依法对本作品享有专有出版权。任何未经权利人书面许可，复制、销售或通过信息网络传播本作品的行为；歪曲、篡改、剽窃本作品的行为，均违反《中华人民共和国著作权法》，其行为人应承担相应的民事责任和行政责任，构成犯罪的，将被依法追究刑事责任。

  为了维护市场秩序，保护权利人的合法权益，我社将依法查处和打击侵权盗版的单位和个人。欢迎社会各界人士积极举报侵权盗版行为，本社将奖励举报有功人员，并保证举报人的信息不被泄露。

举报电话：（010）88254396；（010）88258888

传　　真：（010）88254397

E-mail：　dbqq@phei.com.cn

通信地址：北京市海淀区万寿路 173 信箱

　　　　　电子工业出版社总编办公室

邮　　编：100036